生物的各種超能力！

地球上的生物擁有各種非常厲害的超能力，這些能力讓人類驚歎不已、自嘆不如。於是人類深入研究模仿生物能力，創造出各式各樣的商品。

醫療

海豚↗ 蝙蝠↘

▲海豚與蝙蝠都會利用超音波探測獵物和同伴的位置。什麼是超音波？為什麼可以探測位置？

➡答案請參閱 P.126

←蚊子

蚊子最擅長在不讓人類感到疼痛的狀態下吸食人類的血。牠們是如何做到這一點的？

➡答案請參閱 P.146

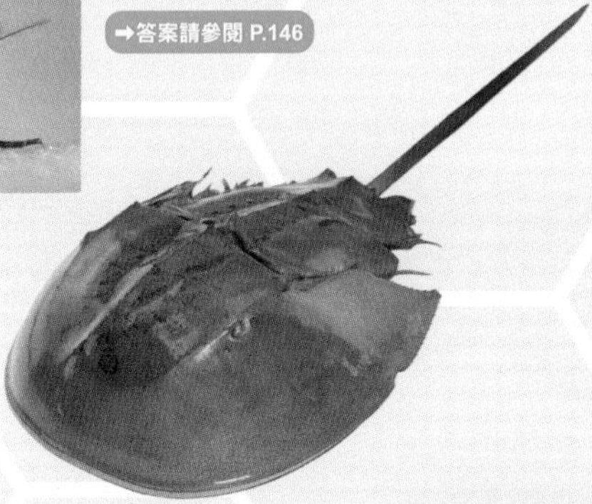

中華鱟→

中華鱟的血液中有一種人血沒有的性質，有助於提升醫療的安全性。

➡答案請參閱 P.167

影像提供／田村洋一 /Aflo

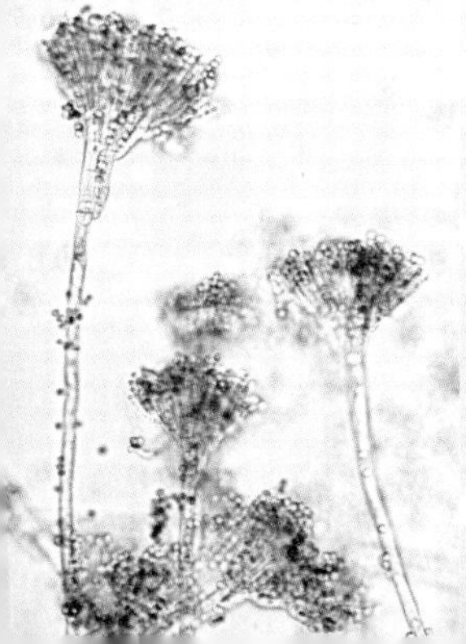

含羞草→

受到外界觸動時，含羞草的葉子會闔起來。你知道人類利用含羞草的這項特性，研發出什麼產品嗎？

➡答案請參閱 P.148

←青黴菌

青黴菌是一種常見於麵包的真菌，其釋放出的物質拯救了無數人的性命，你相信嗎？

➡答案請參閱 P.171

我們身邊有許多物品，都是模仿生物的身體構造製造出來的唷！

影像提供／布料・淺見屋

⬆閃蝶

閃蝶的翅膀閃閃發亮，十分美麗，你知道為什麼會這樣嗎？

➡答案請參閱 P.114

⬅Morphotex® 纖維

從閃蝶的色澤取得靈感、創造出來的布料。

⬇蠶蛾

自古人類就利用蠶蛾變成蛹時結的繭，製成高級纖維「絲」。如今更持續研發最新技術。

➡答案請參閱 P.50

⬆翠鳥
⬅長尾林鴞

翠鳥可以在不驚動目標的狀況下潛入水中捕魚，長尾林鴞也能無聲無息的靠近獵物。這些自然界的沉默獵人究竟有什麼樣的身體構造，人類又是如何應用的呢？

➡答案請參閱 P.77、79

▲蠶蛾幼蟲

▲蠶蛾成蟲

⬅變色龍

這兩隻變色龍其實是同一種，但顏色卻截然不同。只有變色龍可以做到這一點。

➡答案請參閱 P.110

建築・環境

生物的力量也應用在建築中。

白蟻➡
白蟻塚↗

白蟻會啃咬木造房屋的梁柱，是人類討厭的害蟲。不過，白蟻建造的窩（白蟻塚）在自然界中可說是巨無霸等級。根據研究，白蟻塚的內部溫度相當穩定，住起來很舒適，你知道為什麼嗎？

➡答案請參閱 P.83

影像提供／ imagenavi

⬆沐霧甲蟲

沐霧甲蟲早已學會如何在幾乎沒有水分的嚴酷環境中存活，牠的生理機制是人類關注的焦點。

➡答案請參閱 P.152

⬅座頭鯨

由於體型巨大，座頭鯨在海中游泳時應該會受到極大阻力，很難游動。但是牠的身體有一項構造，可以讓牠隨心所欲的游泳。

➡答案請參閱 P.81

⬇船蛆

船蛆令人討厭的地方就是蛀蝕木造船隻，造成船身破洞。牠最擅長「補強自己挖的洞，做成巢穴居住」，若能仿效牠的方法，就能瞬間提升工程的安全性。

➡答案請參閱 P.154

⬇蝸牛（露螺）

蝸牛殼隨時隨地都能保持清潔，祕密就在殼的構造上。若將蝸牛殼的構造應用在住家外牆上，會有什麼結果？

➡答案請參閱 P.96

影像提供／ Blickwinkel/Aflo

最新技術

除此之外，生物的能力、外形和動作也是人類研究的參考對象，正陸續開發出各種新技術。

↑冰花

這是一種可以在高鹽分土壤生長的食用植物，吃起來清脆可口。更棒的是，若能善用這種植物，或許可以拯救因為鹽害產生缺糧問題的地區。

→答案請參閱 P.184

紅腹蠑螈→

蠑螈具有再生能力，失去的腳或尾巴會再長出來。如果再生能力可以運用在人類身上，會帶來什麼好處？

→答案請參閱 P.180

影像提供／ PIXTA

↑怪誕蟲（想像圖）

怪誕蟲是生存在遠古時期的生物，身上有許多腳，可自由活動，專家認為牠是在海底活動。

↑企鵝

企鵝在路上搖搖晃晃的走路姿態相當討喜，一旦跳進水中之後，就能像在水裡翱翔一樣，靈活游動。

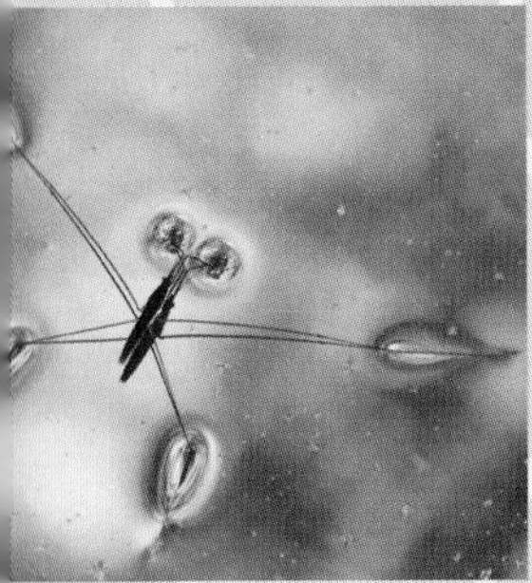

←水黽

水黽的腳具有特殊構造，是可以浮在水面的昆蟲。

↓蛇

蛇雖然沒有腳，卻能爬夠上樹，前往各個地方。

怪誕蟲、蛇、水黽……如果這些生物變成機器人，可以為人類社會帶來什麼樣貢獻呢？

→答案請參閱 P.186

哆啦A夢科學任意門

DORAEMON SCIENCE WORLD

生物超能模擬器

哆啦A夢科學任意門

生物超能模擬器

目錄

※ 本書未特別載明的數據資料，皆為 2021 年 7 月的資訊。

關於這本書

《生物超能模擬器》是一本在閱讀哆啦Ａ夢漫畫的同時，還能主動且開心學習生物各種驚人的超能力，以及相關利用技術的書。雖然本書介紹的技術有些內容較為艱深，但我們會藉由身邊的生活話題、照片與插圖，盡可能簡單的為各位說明。

地球上有各式各樣的環境，生物會適應各自的生活環境，發展出多樣化的能力。從地球誕生生命的那一刻起，展開了一連串無止盡的演化、生存競爭，以及適應環境的過程，這一切的結果就是生物的驚人能力。

在此過程中，人類不只適應環境，更想改變環境，以延續自己的生命。這個想法導致工業革命以後出現的大量生產、大量消費等行為模式，成為整個地球環境每況愈下的原因之一。

二十一世紀是所有地球人都要齊心協力、共同實現永續社會的時代。衷心希望各位能透過本書，對於各種生物的有趣之處、驚人的演進過程、與生俱來的能力，以及自然界奧妙的生態體系產生興趣，並勇於深入研究，長大之後也能成為一位發明家。

是水黽。
在水上滑呀滑的，好像在溜冰一樣。
對了！拿出那個吧！
「漂浮棒棒糖」。
BOU
吃了這個就能漂浮在水上喔！

合體漿糊

真是隻奇怪的狗。
感覺很像某人。
你好像很無聊的樣子。
多管閒事。
我來猜猜你現在在想什麼。
早上如果沒有睡過頭，就可以和大家一起去爬山了……
真是後悔到極點啊。
囉唆。
我是故意不去的！
哼！爬山真的是無聊至極！

山算什麼啊？
只不過是它的地面比較高一點而已。
只不過是在風景稍微好一點的地方吃便當嘛……
只不過是大家一起開心的唱歌……快樂的玩遊戲……
其實我有一點想去啦。
看吧！
那我們現在就出發吧。
別說些不負責任的話。
現在去怎麼來得及啊？
※變身
ブルヘン
※脫出
這不是哆啦A夢嗎？
我用「合體漿糊」和狗狗黏成一體了。
？
GATTAI

生物超能模擬器Q&A

Q 以下何者雖然體型很小，卻能製造飛機燃料？①水蚤 ②眼蟲藻

不管什麼動物都可以合成一體，
GATTAI
然後就可以把那隻動物的特徵變成自己的東西。
這和爬山有什麼關係啊？
你要跟我借兩隻鴿子？
因爲我們聽說你養的鴿子很棒啊。
也是啦。
不管是飛行距離或是速度，都保持很好的紀錄呢。
三十分鐘就可以追上大家了。
我知道啦。那要怎麼做？
塗上漿糊……
沒錯！這樣就可以和鴿子合成一體了。
※啪嗒啪嗒
喂，給我乖一點啦。

A ②眼蟲藻。眼蟲藻除了能加工成營養輔助食品之外，目前正在研發製成生質燃料的技術。

已經看到山了。還滿近的嘛。
因爲在空中可以直線飛行呀。
他們在那裡。
※脫出、脫出
ポ
謝謝你們。回家小心哦。
有人竟然沒辦法體驗這舒暢的感覺，
大雄眞是個可憐的傢伙啊。
你說誰可憐啊？

生物超能模擬器Q&A

Q 以下何者是可以運用在製造助聽器的技術？①蚱蜢 ②螽斯 ③螳螂

咦？你什麼時候到的？
因爲我比各位早一步出發啊，
我們已經等很久了，你們很慢耶。
還沒到山頂嗎？
我已經覺得有點累了。
眞沒用！
ピョン
ピョン
像我還這麼靈活。
※跳、跳
好累喔……
不是才剛開始爬嗎？
可以看見山頂了耶。
再加把勁。
來比賽吧。
所以我才不想來嘛。早知道在家裡睡午覺還比較好。

A ② 螽斯。螽斯的耳朵長在腳上，構造十分接近人類的耳朵。

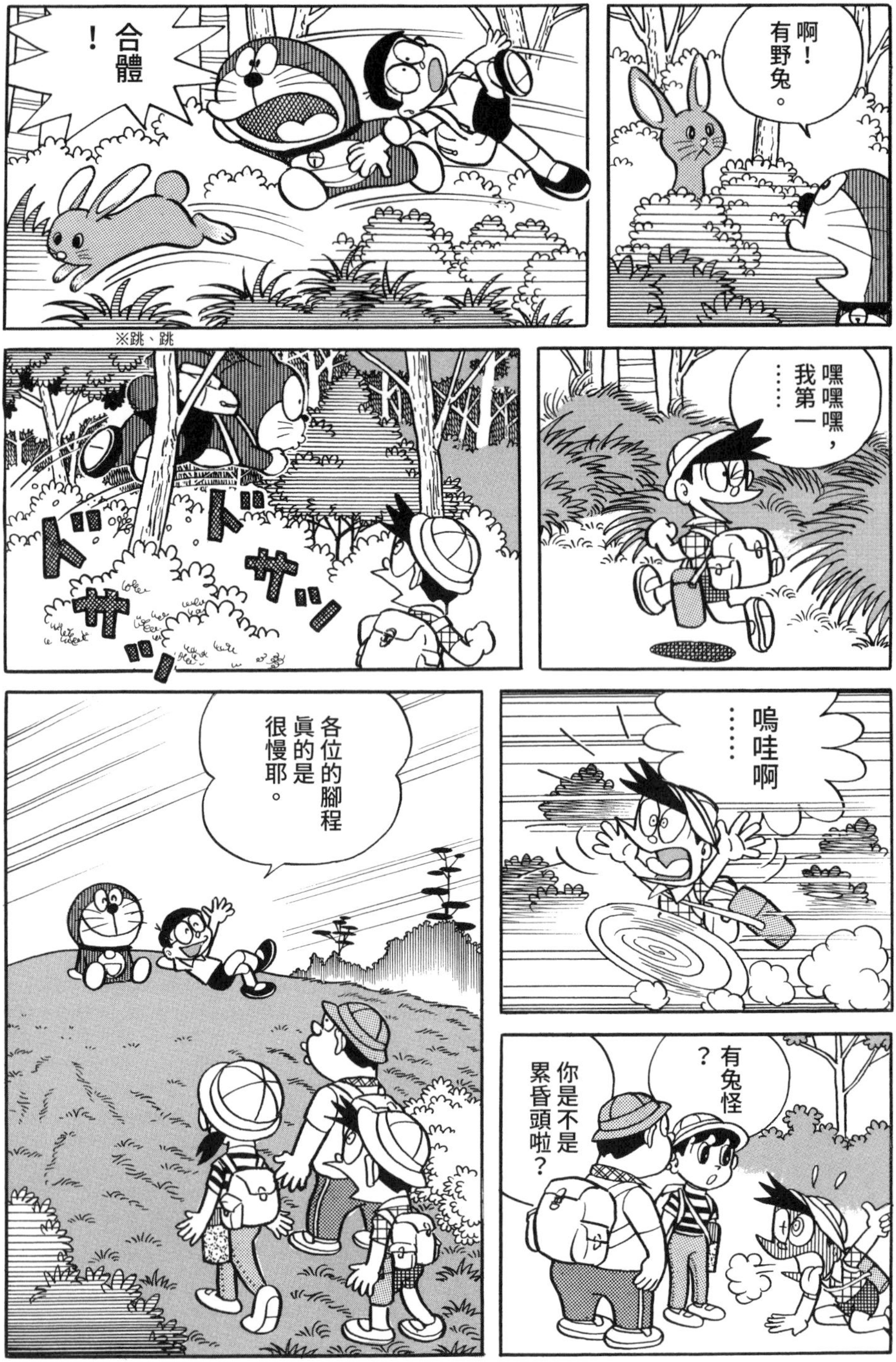

生物超能模擬器Q&A

Q 以下何者被用來製造化妝品、手術縫線與襪子？①螃蟹 ②烏龜 ③鯊魚

A ①螃蟹。螃蟹是被用來製造這三樣物品的動物。螃蟹殼含有的成分對人體很溫和，還具有抗菌、保溼、防臭等功能。

誰可憐？
※嘩啦嘩啦
游得跟魚一樣快耶。
※啪沙啪沙
可惡！怎麼可以輸給他？
※撲通
哇啊，住手啊！
咕嚕咕嚕。
今天眞好玩。
公車來了。

生物超能模擬器Q&A

Q 矽藻土地墊是由浮游植物的化石堆積而成的。這是真的嗎？

糟了！慌慌張張出門，忘了帶錢出來。
喔耶～你們上不了車。
我身上也只有買一張票的錢而已。
鴿子也放牠們回去了……
靜香，別管他們了。
再不快點會坐不上車哦。
有事想拜託你。
那樣感覺很噁心耶。
別這麼說嘛。
半票一張。

A 真的。矽藻土是矽藻的化石，這是一種浮游植物。矽藻土的表面有無數人類肉眼看不見的小洞，可以吸收水分與味道。

人類想要模仿生物與生俱來的各種能力，這個想法就是「仿生學」的概念起源。仿生學雖然是現在各方矚目的新技術，但仿生的想法與人類自古以來的生活息息相關。

生物天生就有各種能力！

棲息在地球上的生物在演化過程中，發展出各種能力，可以適應環境的生物就能倖存下來，無法適應環境的生物就會滅絕。我們現在看到地球生物擁有各種不同外形，具備各種不同能力，這全是適應環境的結果。

不過，生物並不是想要倖存而產生變化，什麼樣的生物可以存活下來全是偶然，並非必然。長頸鹿在偶然機緣下演化出長頸子，可以輕鬆吃到高處食物，是能「更有效率使用自身力量」的代表。這類生物比其他生物更容易存活，於是其基因在演化過程中留存下來。這個過程不斷重複的結果，使得大多數現代生物擁有高效運作的生理機制。

舉例來說，翠鳥（請參照第七十七頁）的身體呈流線型，提高了狩獵效率；蛾（請參照第一一二頁）的眼睛構造十分巧妙，可充分吸收光線，即使在微光環境也能看得清楚。

此外，企鵝頻繁往返於海裡和陸地，過去人們認為企鵝在陸地上是近視眼（近物看得清楚，遠處看得模糊）。不過，根據最近的研究，企鵝的眼睛調節能力很高，無論在海裡或陸地都能聚焦並清楚看到物體，可說是擁有水陸兩用的眼睛。多虧於此，企鵝可以完全適應海裡和陸地環境。

誠如以上所說，生物的身體構造十分精巧。生物在適應環境的過程中，演化出奧妙的身體結構，令人類嘖嘖稱奇。

▲企鵝擁有水陸兩用的眼睛。

仿生學究竟是什麼？

仿生學是模仿生物特殊能力的科學，英文稱為「biomimetics」。「模仿」是仿效某物、照著做的意思。

具體而言，就是從生物的外形、機能、行為機制、製造各種物質的過程、製造出的物質為對象獲得啟發，開發全新技術運用在製造物品的科學技術。假設現在使用的技術浪費許多能源和資源，或者用沒多久就壞掉，此時只要仔細觀察生物，或許就能發現解決之道。

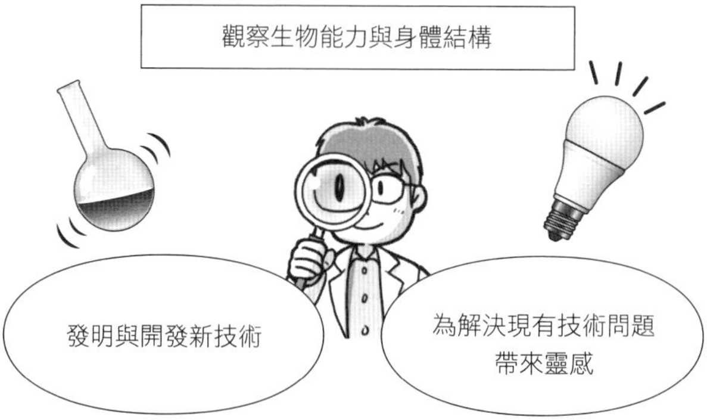
觀察生物能力與身體結構
發明與開發新技術
為解決現有技術問題
帶來靈感

從運用生物能力的領域來看，仿生學大致可分成以下三大類：

機械類仿生學：包括新幹線（請參照第七十七頁）的造型靈感來自於鳥嘴、探測器（第一二六頁）的設計靈感來自蝙蝠的超音波，還有深入挖掘也不會崩塌的盾構法（第一五四頁）、模仿生物的機器人（第一八六頁）等，是應用於機械工學領域的仿生學技術。

分子類仿生學：包括模仿天然纖維的尼龍（第五十頁）等，是以生物合成物質為模仿對象的仿生學技術。

材料類仿生學：包括從壁虎腳掌獲取靈感，不需使用黏著劑的膠帶（第三十一頁）、在水中也能使用的黏著劑（第一五六頁）等，是運用在各種材料的仿生學技術。

此外，如今仿生學不只專注在生物外型、生物製造的物質與生產過程，也會仿效群居生物的行動、習性、生態系（將生物棲息的環境全部考慮在內），擴大模仿對象。而且不僅是機械、分子、材料等小範圍產品，人類居住的城市設計等大範圍區域，也是仿生學的應用領域。這就是新興的「生態系仿生學」概念。

生態系裡有物質循環系統，許多生物都有連帶關係，在相同環境中共存、共榮。人類可以在此系統中學習到很多東西。

自古就有仿生學！

仿生學這個名詞聽起來好像很難，但事實上許多我們日常可見的物品都應用了仿生學。舉例來說，毛巾、抹布和衣服常用的尼龍、聚酯纖維等合成纖維，就是模仿某種昆蟲幼蟲製造的絲（請參照第五十頁）製造出來的。不僅如此，各位生活中常用的海綿（第五十二頁）就是直接借用海底生物的外形。以上所說的都是仿生學的一種喔！

發展至今仿生學的問題點

模仿生物聽起來好像很環保，可是製造合成纖維必須使用石油等化石資源。不僅如此，模仿食物果實的魔鬼氈（第六十二頁）、模仿鳥類的吸震產品（第一五〇頁），在製造時不只使用原料和資源，也要耗費電力與能源，排出大量二氧化碳（CO_2）。其實不只是向生物學習的仿生學，從過去到現在，人類為了製造商品開發出的工業技術，導致石油、礦物等資源枯竭，塑膠垃圾也帶來環境汙染、地球暖化等等，這些都是人類完全無法逃避的問題。

向生物學習的重要性

在地球資源逐漸枯竭、環境問題躍上檯面之後，人們逐漸意識到必須進一步向生物學習的重要性。

人類投入大量資源，快速製造商品，同時也浪費了不少電力與資源。即使是模仿生物的技術，也不可能模仿得一模一樣。第

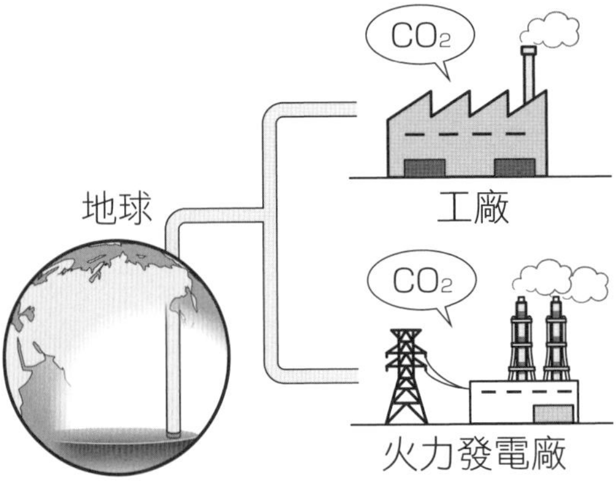

三章介紹的飛機是在機身設計應用了小鳥身體的外形，但在飛行能力上則差了小鳥一大截。以目前正在研究的鵜鶘（第四十七頁）為例，鵜鶘的鳥嘴和體型都較一般鳥類大，體重也重，必須充分利用空氣的力量，才能靠極少的能量飛翔。生物與生俱來的生理機制真是令人讚歎啊！

自地球誕生生命以來，生物在漫長的時間裡，不斷累積失敗，充分發揮自己的力量，演化至今。人們開始在想，不只是生物製造的物質，如果連製造物質的過程也能模仿，就能真正達成省能源、省資源的目的。從這一點來看，仿生學是實現永續社會的關鍵，也是人類目前最關注的技術。

小知識

永續社會與仿生學

各位聽過「永續社會」嗎？永續社會指的就是「適度維護地球與自然環境，不破壞未來世代生存所需的一切，只開發為了滿足目前世代需求的社會」。簡單來說，永續社會對於當下活著的人類，以及撐起未來世界的子子孫孫來說，是一個可以讓全世界所有人過得十分幸福的社會。

為了要實現永續社會，全世界都必須以消弭貧窮、解決環境問題與各種階級差異為目標，也就是受到全世界熱烈討論的「SDGs（Sustainable Development Goals，永續發展目標）」。

為了達成 SDGs，世界各國無不關注仿生學這門學問。自然界的運作機制是靠永續系統維持健全生態，人類向大自然學習可望能解決目前地球的各種問題。

黏手黏腳

沒人在，快趁現在。
那棟房子裡，一定有什麼祕密。
我們忍者部隊一定要把它找出來。
喔！

生物超能模擬器Q&A

Q 人類正在開發具有狗鬍鬚功能的機器人。這是真的嗎？

A 假的。正確答案是貓鬍鬚。貓的鬍鬚能感應微弱的空氣流動，如成功應用，就能開發出可自動避開障礙物的機器人。

怎麼可以隨便溜進別人家呢？這是不對的。
因為那房子很可疑嘛。
不管是晚上或白天，門窗全都關得緊緊……
有個綽號叫大猩猩的男人會到處巡邏。
有時會傳出小孩的啜泣聲。
而且沒有人看過那個小孩
喔~
這樣啊？
嗯嗯。
原來如此，那房子還真可恨。
不是可恨，是可疑。
好，我們潛進去吧。我們來當忍耐。
不是忍耐，是忍者。

生物超能模擬器Q&A

Q 吹風機吹出強風的功能是參考哪種動物？①白腰雨燕 ②獵豹

A ①白腰雨燕。白腰雨燕是水平飛行速度最快的鳥類。吹風機的風扇參考白腰雨燕的翅膀形狀，可以安靜的吹出強風。

別害怕。
有我在，沒什麼好怕的。
吱！吱！
呀啊啊啊！老鼠啊！
是誰!?
※砰搭砰搭
※咚搭咚搭
バタバタ
糟糕，被發現了！怎麼辦？
兩邊都有人過來了！
ドタドタ
※腳步聲
拉動
你也快點隱身啊！不要慢吞吞的！
我哪會啊！

躲到這房間來吧。
咦？
啊！
你是被大猩猩抓來的吧？
你、你們……
竟然用腳走路！
這個人怎麼對這麼普通的事情大驚小怪。
老爺，到處都找不到。
該不會跑到玉夫的房間裡……
去看看。

生物超能模擬器Q&A

Q 吳郭魚是一種具有攻擊性格的魚，牠的皮可以用來治療什麼傷口？

※喀隆喀隆

不能用走的進少爺的房間啊。
喔，差點忘了。
ゴロゴロ
玉夫。
有沒有看到什麼奇怪的事情？
爺爺，我也想用腳走路。
咦？怎麼又在無理取鬧？
我不是跟你說過嗎？人類本來就不能用腳走路啊。
所以你看，
我都是坐車子啊。
就算坐車也沒關係，我想去外面看看。
外面！
不行不行！

A 燙傷。吳郭魚的皮富含膠原蛋白，對於治療燙傷十分有效。

生物超能模擬器Q&A

Q 跳躍高手白頰鼯鼠（飛鼠）可以乘著風飛多少公尺？

① 10

② 50

③ 100

A ③100公尺。穿上類似飛鼠的服裝，從高空往下跳的翼裝飛行運動備受各界矚目。

玉夫!?
你、你怎麼會走路了？
我也不知道啊。
是你做的嗎？
在我們的時代，沒有科學治不好的病。
我現在可以出去了吧？
當然、當然。去和大家玩吧！
※撲通
要小心喔。
我們來保護你。
在外面走路的時候，
一定要集中注意力。
ドブン
ステン
不然就會這樣……
※滑倒

第2章 仿生技術讓祕密道具成真？

可附著於任何物體上的「黏手黏腳」＝壁虎膠帶？

祕密道具「黏手黏腳」可以附著在任何物體上，其實自然界也有一種生物的雙手，就像這個祕密道具一樣，可以黏住所有物體喔！

什麼都黏得住的黏手黏腳

爬蟲類中的壁虎就是與「黏手黏腳」一樣任何物體都黏得住的生物。壁虎可以自由行走於牆壁與天花板，捕食昆蟲和蜘蛛。即使是玻璃這類光滑表面，壁虎也能黏緊緊，絕對不會掉下來。

▲黏在牆上也沒問題

放大壁虎的腳趾就會發現……

壁虎的腳掌有一項特徵，那就是雖然黏性很強，卻很容易剝離。這就是壁虎可以自由行走於牆壁與天花板的原因。話說回來，壁虎腳掌不像章魚有吸盤，牠到底是怎麼做到的？

仔細觀察就會發現壁虎的每個腳掌，都長滿了五十萬根僅有百分之一毫米粗、十分之一毫米長的「剛毛」。不僅如此，剛毛前端還有數百根細細的「匙突」。簡單來說，壁虎腳掌覆蓋著一層密密麻麻的細毛。

▼壁虎的腳掌

影像提供／PIXTA

▼剛毛與匙突
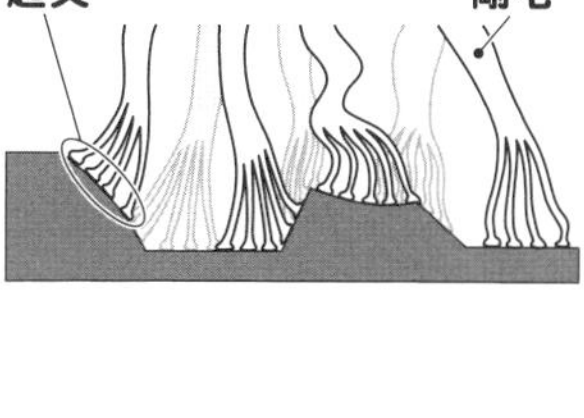

黏著度來自於「凡得瓦力」

各位知道為什麼長滿細毛的腳掌可以緊密附著在任何物體上嗎？

這是因為細毛與接觸物體間存在著「凡得瓦力」，且互相作用的關係。

凡得瓦力是一種在原子和分子之間作用的力。所有物質都是由小小的原子組成，再由多個原子組成分子。分子中有帶負電的「電子」，電子會不斷在分子中移動。當電子在瞬間出現偏差，分子中就會產生極小的正電與負電，這個現象稱為「電荷偏差」。

▼兩個原子結合成一個分子。

▼凡得瓦力可將分子連結在一起。

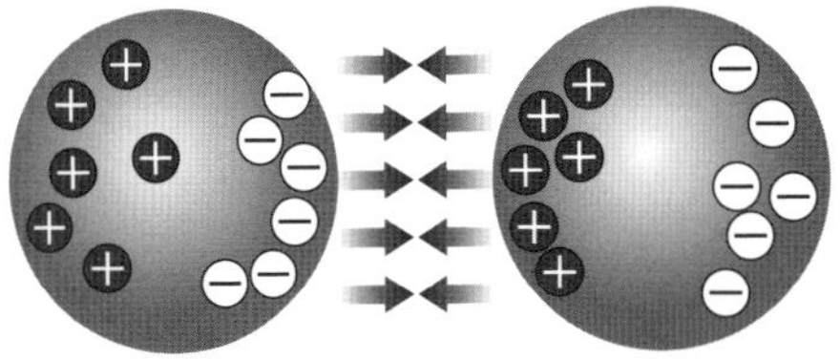

此外，當分子與分子靠得非常近（約為頭髮的十萬分之一的距離）就會產生電荷偏差，正電和負電就會互相吸引，凡得瓦力就會在分子間產生作用。

表面積越大，凡得瓦力就越大。壁虎的腳掌上長滿細毛，加大了表面積，與接觸的物體之間產生了很大的凡得瓦力。正因如此，即使在玻璃表面，壁虎也能像忍者一樣緊密附著。

開發出任何物體都黏得住還能輕鬆撕開的膠帶！

目前已經有廠商應用壁虎腳掌的構造開發膠帶，而且是以猶如細毛般的「奈米碳管」製成。每一平方公分就有一百億根細毛，作用就跟壁虎腳掌的細毛一樣。凡得瓦力讓這款膠帶可以黏在任何物體上，還能輕鬆撕除，不留下痕跡。此外，這款膠帶在沒有空氣的外太空也能使用，用途廣泛，令人期待。

站在上面也不會斷的「蜘蛛絲鋼索」＝人造蜘蛛絲？

哆啦A夢拿出祕密道具「蜘蛛絲鋼索」，還走在鋼索上！其實蜘蛛絲很堅固耐用，各界都在研究蜘蛛絲，想找出應用之道。

像蜘蛛一樣吐絲的蜘蛛絲鋼索

「蜘蛛絲鋼索」是黏在屁股上就能像蜘蛛吐絲的祕密道具。將射出的鋼索黏在電線桿或窗戶上就能夠固定，人可以在蜘蛛絲鋼索上走動，不小心跌倒也不會掉下來，鋼索還不會斷。

肚子用力就會跑出鋼索喔。
看起來好奇怪。

真正的蜘蛛絲到底有多堅韌？

蜘蛛絲其實很堅韌，與相同粗細的鋼絲比較，強度是鋼絲的四到五倍。根據研究，以直徑一公分的蜘蛛絲結成的網，可以攔住飛行中的巨無霸客機。

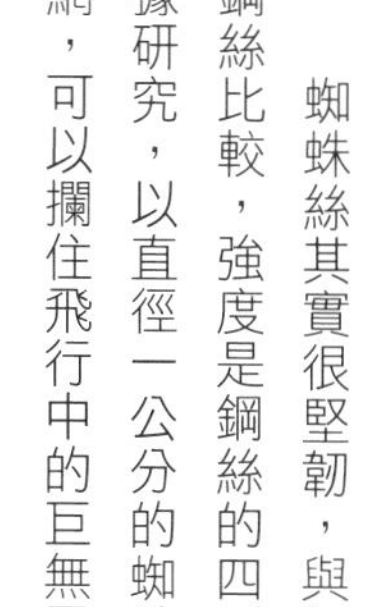

蜘蛛絲有哪些特性？

蜘蛛絲很「強韌」又具有「延展性」，而且伸縮自如。擁有這麼多特性的祕密之一，就是「絲蛋白」。絲蛋白是由堅硬強韌的部位和柔軟有延展性的部位連結而成。由於這個緣故，絲蛋白兼具「強韌」與「柔軟」兩種特性。

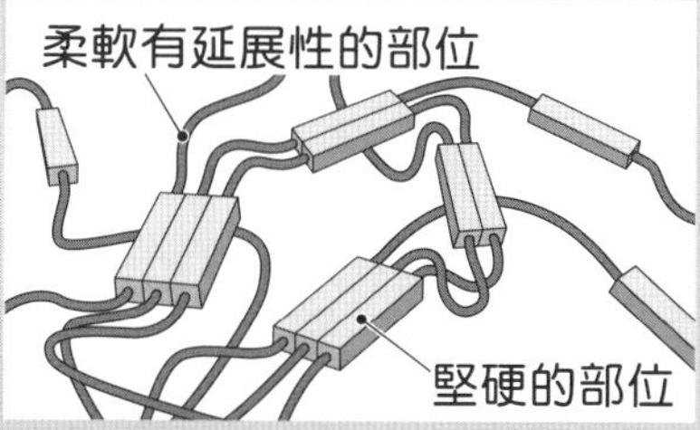
柔軟有延展性的部位
堅硬的部位

▲絲蛋白構造。

人類已開發出特性與蜘蛛絲相同的絲線

蜘蛛絲的特性使其成為人類關注的材質。剛開始人類想過飼養蜘蛛取絲，可惜蜘蛛養在一起會互相殘殺，很難達成目的。後來人類又研發出利用微生物造絲的方法。科學家將製造蜘蛛絲的基因移植給微生物，讓微生物產出蜘蛛絲。人類利用這種「發酵生產」的方法，成功製造出又細又強韌的絲線。不過，微生物發酵出來的人造絲也和真正的蜘蛛絲一樣，遇到水就會萎縮。如今此一缺點已經過改良，開發出結構蛋白質人造蛛絲「Brewed Protein™」纖維製成衣服，還進行各種研究，找出加工成樹脂、薄膜等產品的方法。「Brewed Protein™」與尼龍不同，不使用石油，十分環保，也是其深受矚目的原因。

還有一種昆蟲絲也受到各界注目，那就是蓑蛾吐的絲。蓑蛾絲既強韌又有伸縮性，很適合做成衣服。

▲以 Brewed Protein™ 製成的「MOON PARKA」。

影像提供／Goldwin

小知識　蜘蛛絲都一樣？

當獵物被蜘蛛網網住，越是用力脫逃，蜘蛛絲就會纏得越緊。奇妙的是，蜘蛛並不會被自己吐出的絲纏住。原因很簡單，因為蜘蛛會依照不同用途使用不同絲線。

如左圖所示，蜘蛛結網時會依用途使用七種絲。舉例來說，正中間有一部分的網目很細，這是蜘蛛居住的地方，稱為「巢」。從巢往外延伸的「縱絲」像一般房屋的柱子般強韌，而且沒有黏性。橫度縱絲呈漩渦狀的「橫絲」具有黏性，伸縮性佳，最適合捕捉獵物。

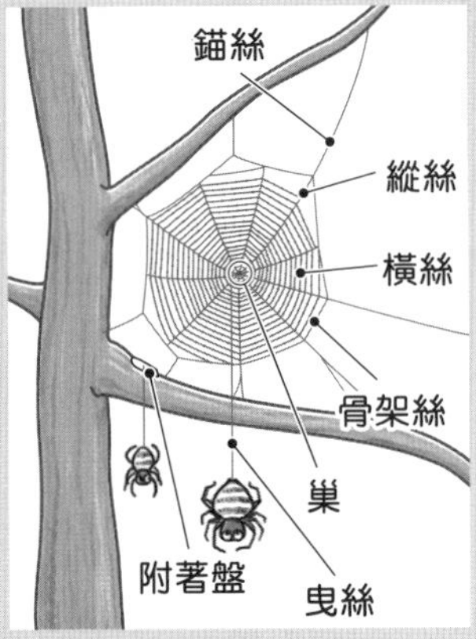

▲骨架絲是用來固定縱絲的框架，錨絲的作用是連結骨架絲和樹木，附著盤則是用來連結曳絲和樹枝。

「曳絲」是蜘蛛的救命索，蜘蛛無論去哪裡都會用曳絲吊著自己，若是不小心墜落，也有曳絲拉著，可以順著絲走回去。曳絲總共有兩條線，斷了一條也不會有危險。

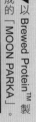

盲鰻的黏液＝「水加工粉」？

只要撒一下就能將水變化成各種物質的「水加工粉」，是哆啦A夢的祕密道具。如果你有水加工粉，你想做出什麼東西呢？

事實上，有一種生物可將水做成黏液唷！

▲可將水加工成黏土的感覺。

盲鰻是一種可將水做成黏液的生物

各位聽過盲鰻嗎？盲鰻並不是鰻魚，通常棲息在深海中，以吃死魚維生。當盲鰻遇到危險，會從皮膚分泌大量黏液，使周遭海水變成果凍狀的黏性物質。驚人的是，這個黏性物質是由比人類頭髮還細的纖維與黏液組成，黏液將纖維纏在一起之後，就成了盲鰻的保命武器。盲鰻分泌的黏性物質可以阻礙敵人活動，纖維則能封住敵人的鰓，有效的保護自己。

▲盲鰻　影像提供／PIXTA

盲鰻的黏液還能這麼用！

利用盲鰻的纖維做出耐穿的衣服！：黏液中的纖維十分強韌，完全不輸給蜘蛛絲，還很輕盈。目前已經有人正在研究盲鰻的纖維是否能做成衣服穿。

喚醒飽滿肌膚的保溼聖品：黏液富含黏液素，和美容液常用的玻尿酸一樣，具有極高的保水性。已有廠商正在研究，是否可以運用在美妝保養品中。

天空歷險記

※咻~
還好，
在睡覺。

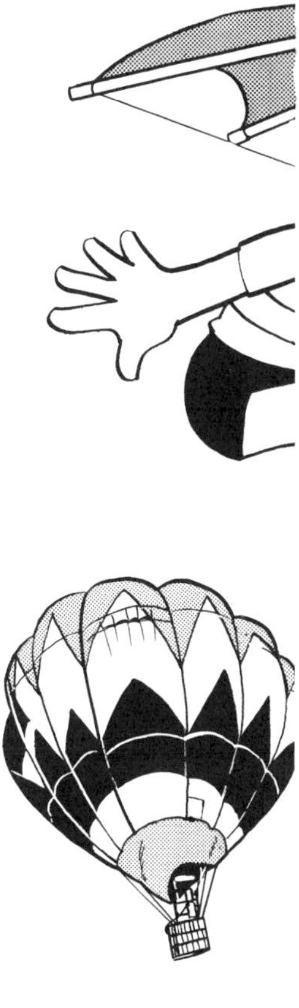

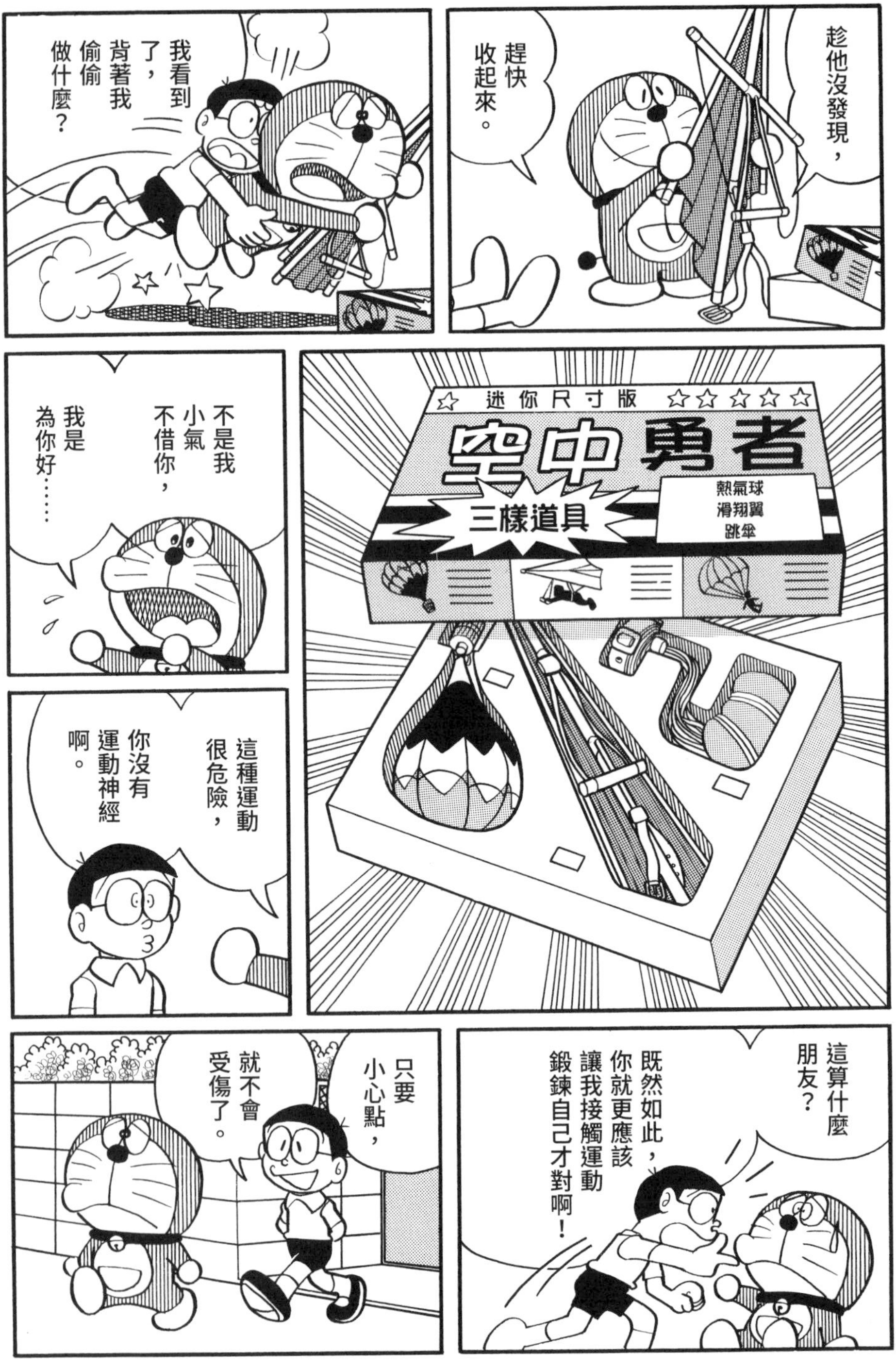

生物超能模擬器Q&A

Q 將硬貝殼使用於太空船外壁的研究正在進行中，請問使用的是哪種貝？①文蛤 ②鮑魚

A ②鮑魚。花了好幾年堆積的貝殼層十分堅硬，用鐵鎚敲也不會破。目前正在進行模仿貝殼層的材料研發。

現在要去哪裡？
那座十五層樓高的大廈。
從屋頂跳下去。
從、從……那……那麼高的地方跳下去？
沒錯！要放棄嗎？
不！我要玩！
把滑翔翼拿出來。
好像風箏喔。
雖然小，但是浮力跟真的一樣。
好了！去吧。

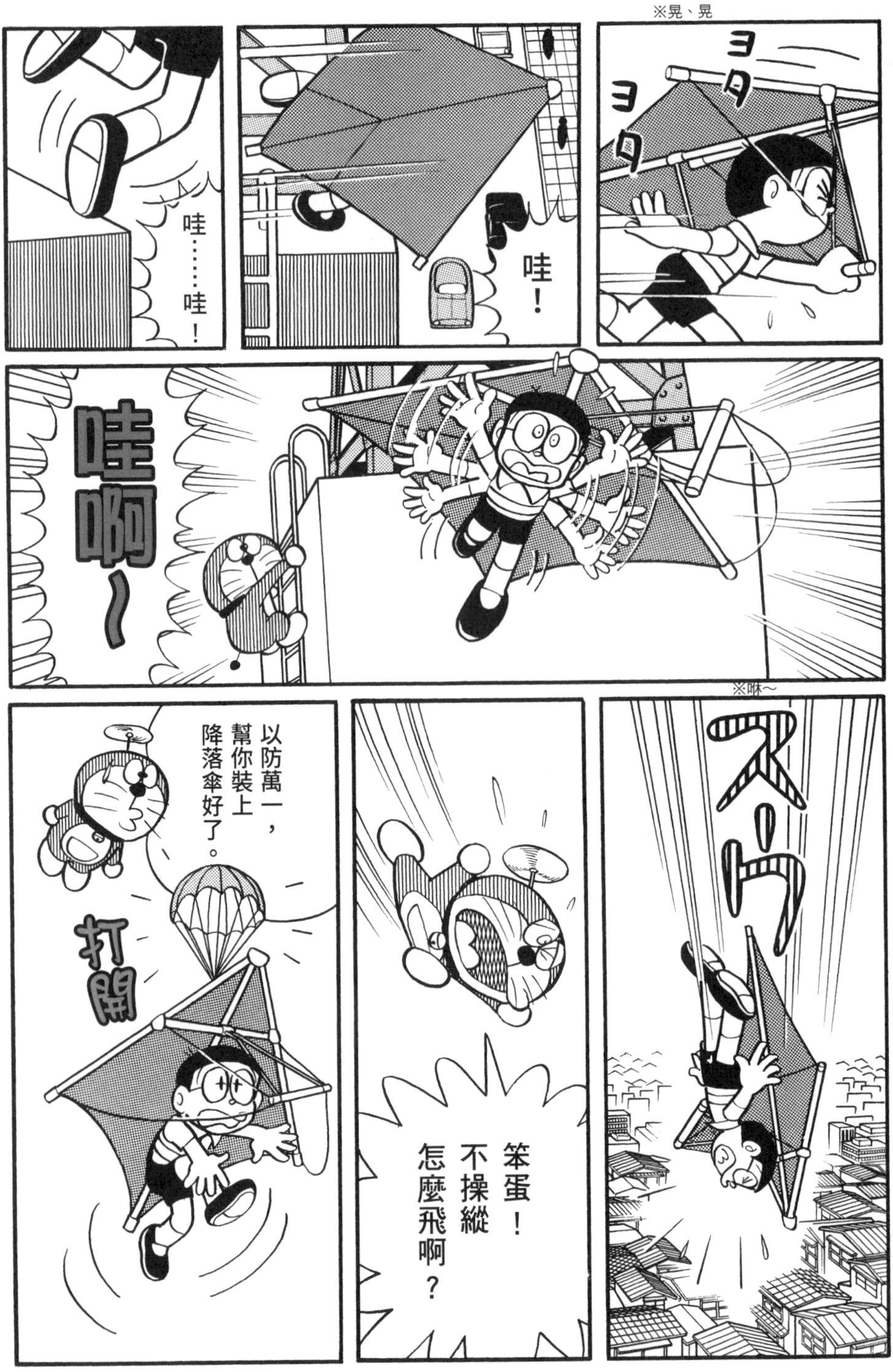
ヨタヨタ
※晃、晃
哇！
哇……哇！
哇啊～
スーッ
※咻～
笨蛋！不操縱怎麼飛啊？
以防萬一，幫你裝上降落傘好了。
打開

生物超能模擬器Q&A

Q 人造衛星的天線構造採用昆蟲翅膀的收疊方式。這是真的嗎？

A 真的。昆蟲翅膀的收疊方式最適合應用在使天線表面不起皺、不歪斜且迅速膨脹的技術。

生物超能模擬器Q&A

Q 有些蕈菇可以治療疾病。這是真的嗎？

A 真的。根據研究，寄生在蠶繭中的冬蟲夏草，可以製造出改善失智症的成分。

成功！
一點都不危險啊。
再也沒有比這個更有趣的運動了。
求求你！
住手！
我沒辦法一直跟在你後面啊。
不用你照顧，
這個運動很簡單。
我絕對不會說錯，你一定會出事的。
不可以隨便上去樓頂。
等一下，
太好了。
對了！

生物超能模擬器Q&A

Q 海藻可以製造出取代化石燃料的新燃料。這是真的嗎？

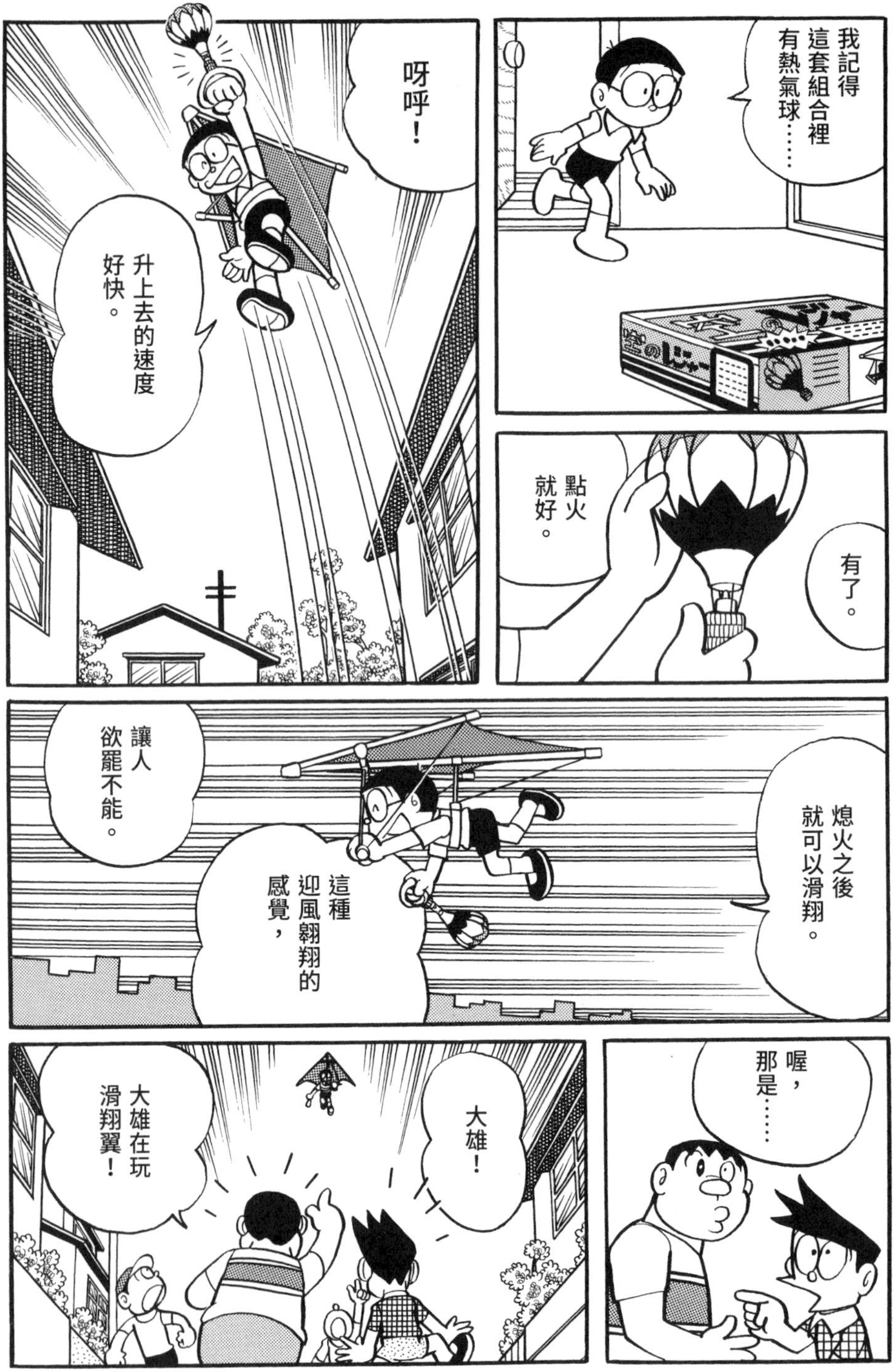
我記得這套組合裡有熱氣球……
有了。
點火就好。
呀呼！
升上去的速度好快。
熄火之後就可以滑翔。
這種迎風翱翔的感覺，
讓人欲罷不能。
喔，那是……
大雄！
大雄在玩滑翔翼！

※搖搖晃晃

A 真的。目前正在研究從綠色的「石蓴」製造生質燃料的技術，褐色的「昆布」也是研究對象。

人類的夢想就是「像小鳥一樣在天空飛翔」！

人類一直希望能像小鳥一樣在天空自由飛翔，因此積極研究鳥類的身體構造，成為現代飛機的原點。

小鳥爲何能在空中飛翔？

「我想要一對可以在空中飛的大翅膀。」你是否也曾這麼想過？事實上，小鳥為了在天上飛，除了擁有一對大翅膀之外，還有許多其他的身體特徵。

大翅膀：小鳥翅膀有許多羽毛，翅膀往上抬時呈垂直狀，可以排出空氣；翅膀往下放時呈水平狀，可將空氣往下壓，使自己往前進。

發達的胸肌：揮動大翅膀需要發達的胸肌，鳥類的胸肌重量是體重的百分之十五到二十五左右。人類的胸肌僅有體重的百分之一，從這一點來看，不難理解鳥類的胸肌有多發達。

體重很輕：從體型來看，鳥類的體重相當輕。事實上，為了減輕身體重量，鳥類的骨骼呈中空狀。順帶一提，即使是不會飛的鳥類，例如企鵝，骨骼也是中空的。

流線型的身體：鳥類的身體呈流線型，在飛翔時能夠降低空氣阻力。流線型指的是圓滑流暢的流線體造型，使物體在高速移動時，盡可能降低來自水或空氣的阻力。新幹線和汽車在設計時大多也會考慮流線型外觀。

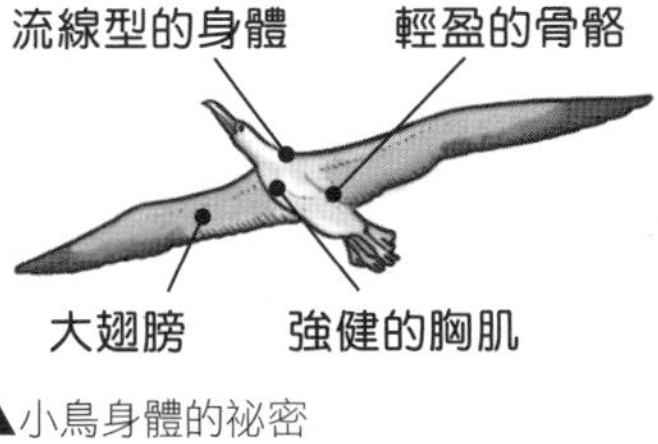

▲小鳥身體的祕密

嚮往鳥類……展開在天空飛翔的挑戰

不少人想要像小鳥一樣在天空飛，並付諸行動，實現自己的夢想。航空史上最有名的是美國的萊特兄弟，其實在他們之前，已經有人嘗試在天空飛翔了。

●**達文西（義大利）：**觀察鳥類揮動翅膀的模樣，繪製出撲翼飛機與直升機的設計圖。

●**奧托・李林塔爾（德國）**：研究鳥類飛翔方式與翅膀構造，成功操縱滑翔機飛行，證明沉重機體也能飛。

●**喬治・凱萊（德國）**：他的構想啟發了李林塔爾的滑翔機。捨棄過去執著於「揮動翅膀」的概念，凱萊著眼於另一種鳥類的飛翔方式，也就是「滑翔」，發明出將機翼固定在機身的「固定翼飛機」。

●**浮田幸吉（日本）**：早在凱萊等人之前，就已經研究鳥類身體構造，成功嘗試滑翔飛行。

由此可見，世界各國都有人想要效法小鳥，研究如何飛行。

此外，萊特兄弟受到李林塔爾滑翔機的影響，在一九〇三年完成人類史上首次搭載汽油引擎的載人動力飛行。

▲李林塔爾的滑翔機

▲萊特兄弟的飛機

鵜鶘的超強飛行術

人類成功駕駛飛機在空中飛翔後，接下來的重點就是如何節省燃料。為了達成省油的目標，人們開始注意到鵜鶘。鵜鶘的鳥喙與身體尺寸都很大，體重也很重，其飛行方式與體型小、體重輕的鳥類截然不同。

鵜鶘只在水面上低空飛行，水面與翅膀之間的空氣無處可洩，此時空氣往上流動的力量（升力）最大。此現象稱為「翼地效應」，可以省力飛翔。若能善用翼地效應，即可用最少的燃料往來移動，因此人類發明出在水面上飛的飛機。不僅如此，人類也將翼地效應應用在電車上，只要相關研究成熟，就能靠磁力和電力行走，車速與需耗費大量電力的線性馬達車一樣快的環保車，再也不是夢想。

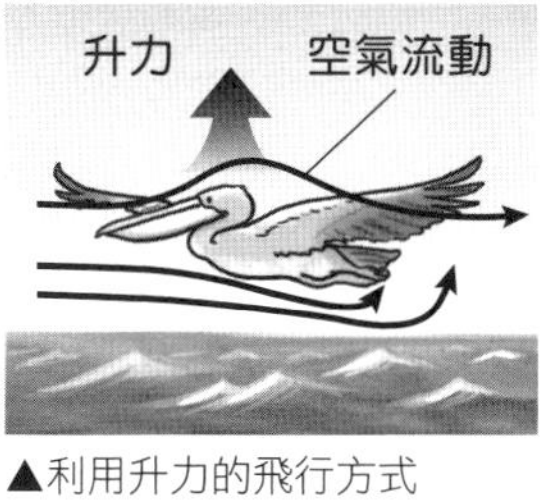

▲利用升力的飛行方式

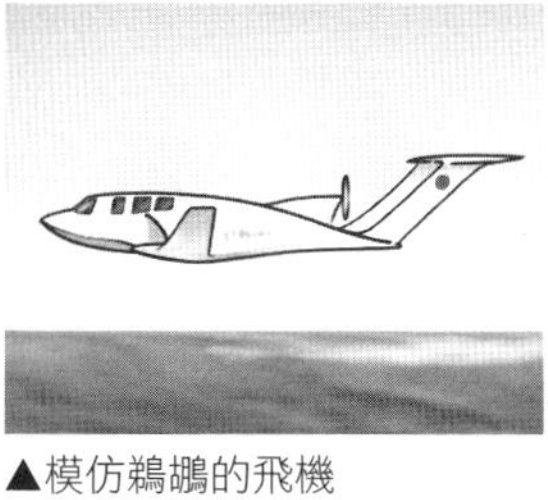

▲模仿鵜鶘的飛機

關鍵在於人類的骨骼？大規模建築物的建築祕辛

法國巴黎的艾菲爾鐵塔是世界知名的電波塔，為了建得輕巧堅固，據說當初設計骨架時，還參考了人類骨骼的結構。

巴黎的象徵「艾菲爾鐵塔」

建成於一八八九年的艾菲爾鐵塔，當初是為了巴黎世界博覽會而落成。現在的高度為三百二十四公尺，比東京鐵塔的三百三十三公尺低。

艾菲爾鐵塔取名自建築家古斯塔夫・艾菲爾，他也是美國自由女神像框架的建造者。

艾菲爾鐵塔是參考人類的大腿骨「股骨」的形狀建造而成。

▲艾菲爾鐵塔

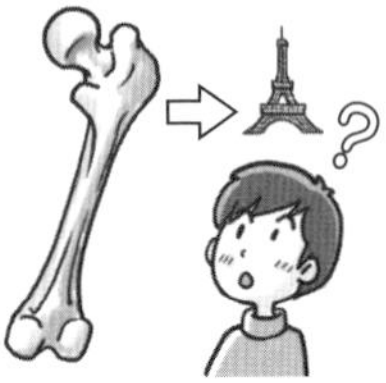

骨頭是由哪些構造組成的？

骨頭的構造一共有三層，包括外側填滿組織的「緻密骨」，和內側的「海綿骨」，還有位於中心部位的骨髓組織。

大腿骨結合了緻密骨與海綿骨，藉此達到輕量且堅硬的目的，可以避免衝撞帶來的傷害，維持骨骼壽命。緻密骨可以分散衝擊力道，施力越強的部位，緻密骨就越厚，強度也就越高。

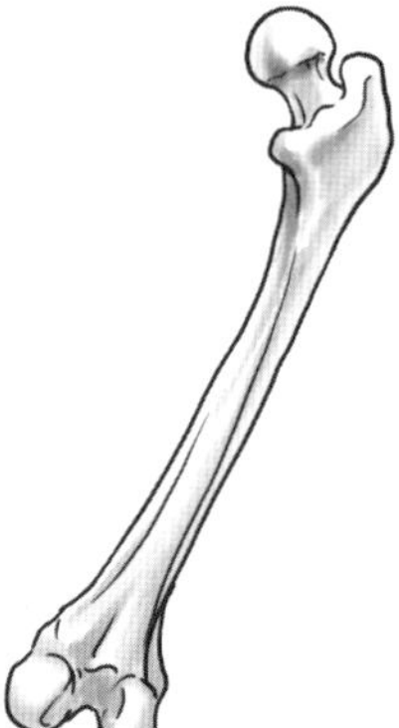
▲骨骼構造

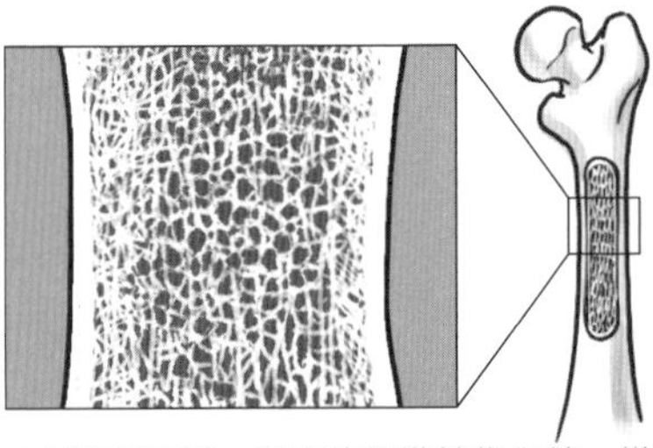
▲骨骼剖面圖，裡面的組織就像海綿一樣。

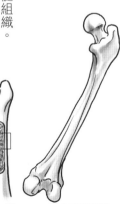

採用與大腿骨構造相仿的桁架結構

桁架結構也可見於大腿骨的海綿骨中，是由三角形組合而成，是一種輕盈又堅固的構造。讓我們以橋梁為例，思考桁架結構為什麼會這麼堅固吧！如果拿著重物走在只用一條細長木板搭成的橋上，橋面一定會往下彎，這是因為細長木板無法承受來自上方的壓力。不過，若是將木板以三角形排列組裝（做成桁架結構），乘載重物的受力方式就會改變，橋面不容易彎曲。

桁架結構的優點是不需要填滿空隙，只要少量材料就能支撐龐大建築物，也很適合用來減輕建築物的重量。再加上下寬上窄的鐵塔設計能承受風雨侵襲，便成為了我們現在看到的巴黎鐵塔。

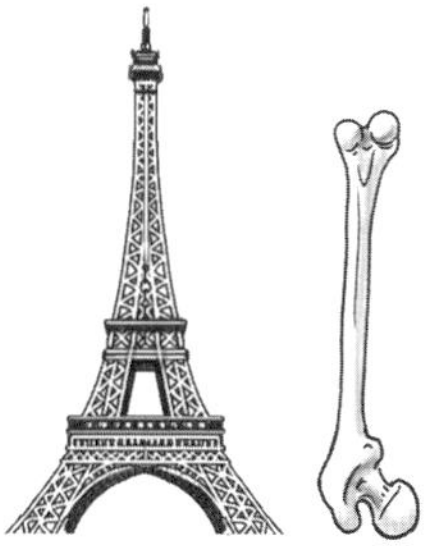

▲大腿骨的上方較粗，用來支撐身體重量，若倒過來放，就成為穩固的地基。

▲桁架構造

下列建築物也模仿了生物的身體構造

西班牙建築師安東尼・高第曾說：「結構必須從大自然中學習。」他認為大自然的外形不只美麗，更擁有穩定的結構。

高第的知名建築物「聖家宗座聖殿暨贖罪殿」模仿樹枝的外形，捨棄當時建築物一定會有的「飛扶壁」補強結構。此外，聖殿內的迴旋梯是以海螺為設計靈感。

另一方面，英國在二〇〇三年落成的「聖瑪莉艾克斯三十號大樓」則是近似海綿動物「阿氏偕老同穴」，採用三角形雙層玻璃結構，可以承受強烈的高樓風。不僅如此，大樓內部很通風，消耗的電力只有普通大樓的一半左右。

影像提供／imagenavi

▲聖瑪莉艾克斯30號大樓

影像提供／PIXTA

影像提供／PIXTA

▲聖家宗座聖殿暨贖罪殿／左：外觀、右：迴旋梯

大家穿的衣服也不例外？靈感來自某種生物

大家看過絲綢嗎？這是一種擁有美麗光澤，常用來製作禮服的布料。絲綢是人類自古以來使用的布料，以蠶吐的絲製成。大家現在常穿的尼龍布料，就是模仿蠶絲製成的。

絲綢是什麼樣的線？

絲綢又稱為絲，是從蠶的幼蟲「蠶寶寶」製成的「繭」抽出來的線。繭是一種類似膠囊的外殼，用來保護蠶蛹。三公分左右的蠶繭可以抽出超過一公里的絲。

蠶絲又輕又耐用，還閃閃發亮，十分美麗，是其特色所在。蠶絲的成分接近人體肌膚，保溼性高，穿起來非常舒服。不過，製造過程相當昂貴，通常用來製成高級內衣或套裝禮服。

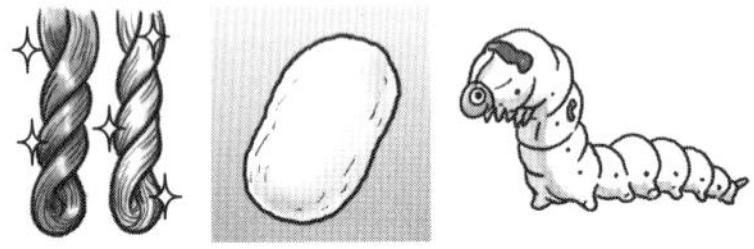

▲蠶寶寶　▲蠶繭　▲絲綢

人造絲 尼龍登場

蠶絲是由絲蛋白構成，無法人工合成，價格昂貴，一般人買不下手。為了改善這個問題，有人開始研究是否可以模仿絲綢，製作出類似蠶絲的纖維。終於在一九三五年，美國成功研發出尼龍纖維。尼龍是世界上第一個人工製成的「合成纖維」，以石油為原料。

尼龍的特色在於比蠶絲細且具有彈力，不容易起皺，弄溼了也很容易乾燥。此外，尼龍像絲一樣帶有光澤，卻比絲便宜，還能大量製造，因此一問世很快就風靡全世界。不只是衣服，廠商們還用尼龍製成絲襪、襪子、傘等大家常用的物品。

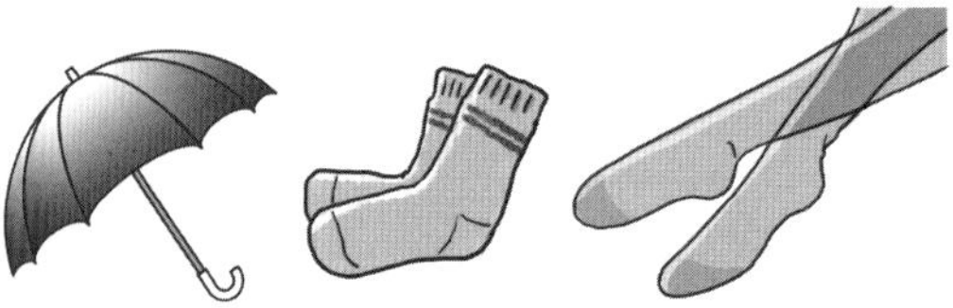

▲尼龍製品

無法戰勝便宜的尼龍？蠶絲的全新挑戰

受到尼龍這類便宜的合成纖維影響，蠶絲的需求量大幅減少，於是絲綢製造商開始著眼於蠶絲的優點，將蠶絲運用在衣服以外的其他用途上。

舉例來說，蠶絲的成分接近人體，若是進入人體也不會造成太大影響，因此醫界將蠶絲用來縫合傷口。不過，廠商們仍在研究是否可以進一步利用蠶絲，製造出比現有製品更無害人體的商品。

此外，醫界也將以特殊方法加工的蠶絲海綿，用來治療手肘與膝蓋等關節軟骨，有效促進再生。

由於蠶絲的成分可以有效鎖住肌膚水分，預防對肌膚有害的紫外線，因此也常用來製造美容精華液、乳液等保養品。不僅如此，蠶絲富含胺基酸，也被開發成健康食品。

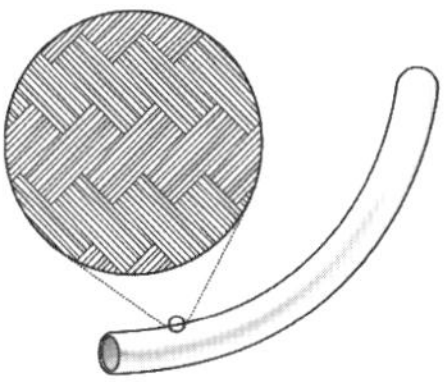

蠶吐出「蜘蛛絲」？

近年來科學家利用基因操控，將蜘蛛的基因注射進蠶寶寶的身體裡，使蠶寶寶成功吐出「蜘蛛絲」。

蠶寶寶吐出的蜘蛛絲是一種同時擁有絲綢與真正蜘蛛絲（請參照第三十三頁）優點的纖維，彈性比尼龍更好，不容易受到熱與紫外線影響。目前已經有廠商開發出含有一成蜘蛛絲成分的纖維。

製造合成纖維時不只使用石油，製造過程還會排出大量二氧化碳。從友善地球的觀點來看，蠶寶寶吐出的絲未來還有許多發展空間。

小知識

效法天然纖維研發出的合成纖維

尼龍是模仿絲綢製成的合成纖維，事實上，其他的合成纖維也都是從棉花、羊毛等天然纖維的特性取得靈感，成功研發出來的。你穿的衣服也是這些纖維做的嗎？

聚脂纖維：模仿棉花特性製成的纖維。

壓克力纖維：模仿羊毛特性製成的纖維。

海綿也是模仿某種生物製成的？

大家洗澡時用來刷洗身體，或幫媽媽洗碗時使用的海綿，其實是模仿實際上存在的生物，也就是「海綿動物」製造出來的。你知道海綿是什麼樣的生物嗎？

海綿是什麼樣的生物？

海綿是服貼在海底岩場生活的動物，雖然名稱裡有個「海」字，但在日本是生長在琵琶湖等淡水之中。海綿動物的形狀十分多樣，有外形扁平的，也有壺狀、樹枝狀等。有些海綿動物吃蝦子，但大多數海綿動物吃的是漂浮在水中的微生物。

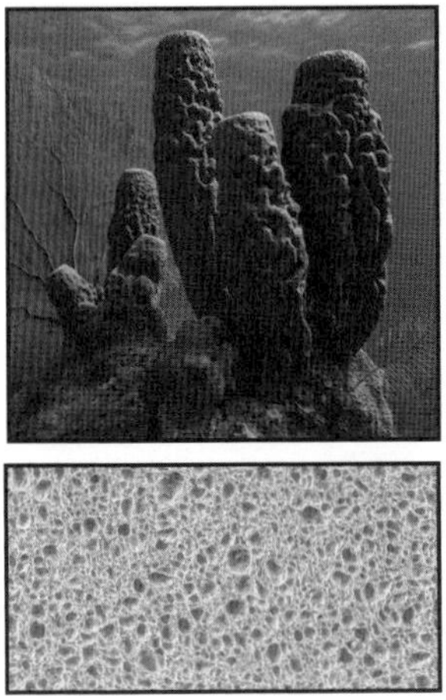

▲海底的海綿（上）與海綿的放大照片（下）。

海綿動物的身上有許多小洞，這些小洞會吸入附近的水，過濾食物吃掉，再將多餘的水一起從其他小洞排出。小洞越多，代表吸取的水量越多。

海綿的開發靈感來自於海綿動物充分吸水的構造，除了天然海綿之外，還有以化學纖維製成的合成海綿等各種類型。

天然海綿是使用沐浴角骨海綿等海綿動物製成，摸起來很舒服，國外大多拿來做成清洗身體的洗澡海綿。而海綿的英文是「Sponge」，自古就與人類的生活息息相關。

人造海綿的種類相當多，包括打掃用的三聚氰胺海綿、沾溼手指方便翻閱紙張的事務用海綿等，各位不妨看看身邊周遭，或許你也能發現海綿的存在喔！

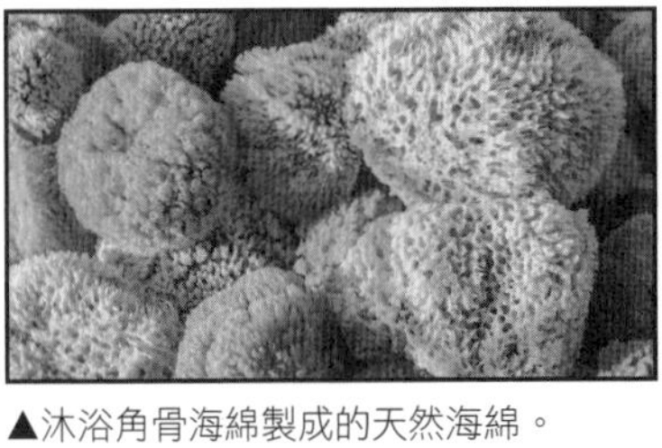

▲沐浴角骨海綿製成的天然海綿。

不求傘

不能撐那把傘出門。
可是在下雨耶。
因為你老是忘記把傘帶回來。
這是最後一把了喔。
本來想去靜香家的……
在大雨中竟然沒撐傘……
再見。
喵～

生物超能模擬器Q&A

Q 有一種植物會自行發熱，維持攝氏二十度左右的溫度。這是真的嗎？

A 真的。這是臭菘的特性。人類模仿臭菘調整溫度的生理機能，並將開發出來的裝置應用在半導體與金屬熱處理爐之中。

淋溼了吧。
完全沒有。
真的，怎麼辦到的？
「不求傘」。
只要噴在身上，水滴就不會靠近了。
噴一次能持續一天。
※呲呲
真的耶。
完全不會被淋溼。
雨滴都會自動避開我。
趕快去靜香家吧。

大雄，為什麼你不會被淋溼？
在我身體周圍不會下雨喔。
是真的耶！
我想要去那邊。
我要往這個方向走啊。
借我「不求傘」。
※咻咻
シュ
你要拿去哪裡啊？
我要拿去幫靜香噴。

生物超能模擬器Q&A

Q 洗衣槽的圓形底板是參考海豚的頭製造而成的。這是真的嗎？

A

假的。不是頭，而是尾鰭。幫助加快游泳速度的尾鰭與皺褶，能創造出強勁水流，將衣服洗乾淨。

啊—真是無聊。
因為在下雨，所以沒辦法拿去玩。
※呲呲
シュ
小夫，也讓我玩一下。
可是大雄你技術很爛耶……
這種東西有什麼難的。
咦……怪了……

哇～你要讓它飛去哪裡啊！
等等我們啊！
※撲通
ボチャン
啊！掉進河裡了啦！
奇怪，河裡有個洞……
對了，是因為噴了「不求傘」的關係。

生物超能模擬器Q&A

Q 為了吹出自然風，人類模仿什麼來設計電風扇的扇葉造型？ ①蚊子翅膀 ②蝴蝶翅膀

A ②蝴蝶翅膀。電風扇扇葉的凹凸曲線與突起，就是從蝴蝶翅膀取得靈感。

完全不會弄溼呢！
拿到了。
只要噴了這個，就不會弄溼喔。
不用了，雨已經停了。
真沒意思。
シュ
※吡吡
等到哪一天下雨了，就能派上用場了。
沒辦法洗澡啊……
現在靜香一定很生氣吧！

絕對不會弄溼？具有疏水性的蓮葉

「不求傘」具有疏水性，絕對不會弄溼，是每到下雨天就想使用的祕密道具。事實上，有一種植物的葉子也同樣不吸水。我們周遭常用的物品，就是利用植物的這項特性製成的。

自然界也有絕對不會弄溼的葉子

在身上噴了不求傘之後就有疏水功能，下雨天在戶外走，也不會淋溼。即使是泡澡或游泳，水也會自動避開，絕對不會弄溼。

蓮花（莖部稱為蓮藕，可食用）的葉子具有和不求傘一樣的疏水性。蓮葉的表面具有疏水機制，根據研究顯示，無論在任何情形下，蓮葉都不會弄溼。

▲蓮葉

「被水弄溼」究竟是怎麼一回事？

液體與固體具有一種特性，那就是與其他物質的接觸面會盡可能維持在最小限度，這種特性稱為表面張力。舉例來說，在杯子裡倒滿水，表面張力會使水的顆粒變小，往上隆起，導致水不會溢出來。

當水滴落在固體上，表面張力會使水形成一顆小圓球。至於這顆圓球會有多圓，則受到固體性質的影響。換句話說，是否會被水弄溼，取決於「水滴有多圓」。參照下圖就會發現，角度越大，也就是水滴越圓時越不容易弄溼；反之，角度越小，也就是水滴越扁越容易弄溼。

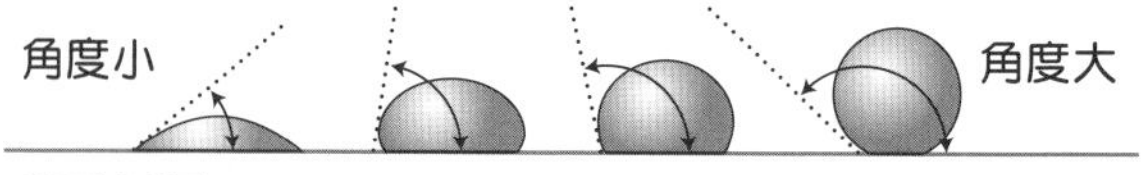

▲水弄溼物體的機制。

蓮葉絕不會溼的原理「蓮花效應」

當水滴在蓮葉上，水會像球一樣在葉子上滾動，不會滲透並弄溼葉片。蓮葉表面有無數細微的凹凸結構，大小只有千分之一毫米左右。如果物體表面平坦，水滴就會外擴，弄溼物體；若物體表面凹凸不平，水滴就會變水球，不會弄溼物體。

此外，葉片表面覆蓋一層蠟質物料，具有疏水性。圓形水珠在葉面滾動的過程中，會順便帶走表面髒汙，讓蓮葉永遠保持清潔。這種疏水原理稱為「蓮花效應」。

為什麼蓮葉有蓮花效應呢？蓮花通常生長在淤泥較多的池塘裡，蓮花效應可讓蓮葉隨時保持清潔，更容易行光合作用。

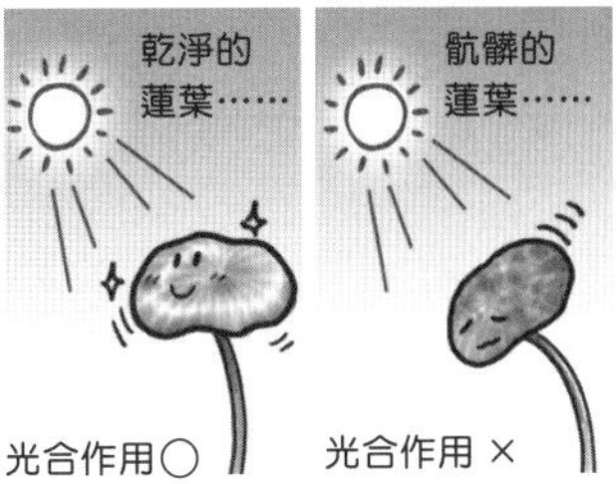
乾淨的
蓮葉……
光合作用○
骯髒的
蓮葉……
光合作用 ×

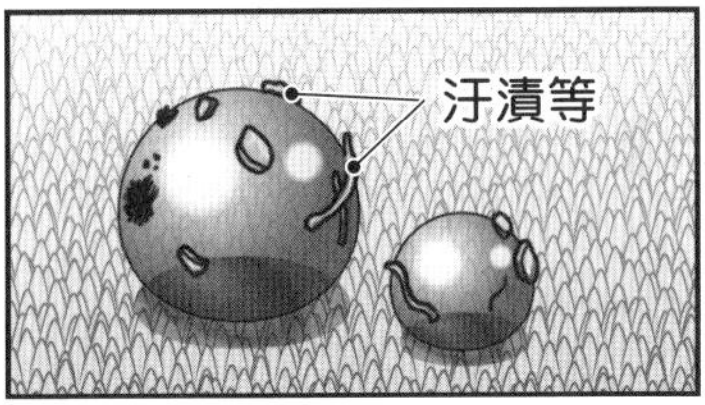
汙漬等
▲髒汙與水滴一起洗去。

日常生活中隨處可見！活用蓮花效應的範例

優格封膜蓋：優格封膜蓋的內側有許多小突起，就像蓮葉表面一樣凹凸不平，不會沾附優格。

塗料：目前已經開發出塗抹後就會在表面留下細微凹凸的塗料，若將這款塗料刷在房子外牆，就不容易被雨淋溼，還能輕鬆清除髒汙。

紅綠燈：在容易下雪的地方若是遇到冰雪附著在紅綠燈上，導致用路人看不清楚號誌的指示，就會導致交通大亂。為了解決這個問題，有一位高中生注意到蓮花效應。他認為若是將具有蓮花效應的材料使用在紅綠燈的表面，就能研發出不容易附著冰雪的交通號誌。目前已經有廠商積極投入研究，朝實用化目標邁進。

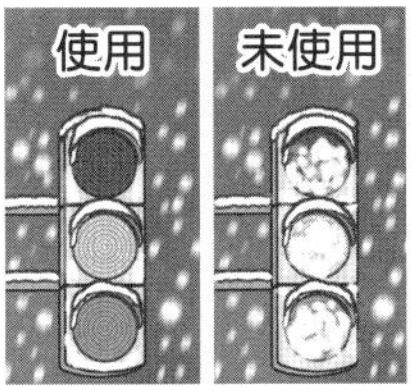
使用
未使用

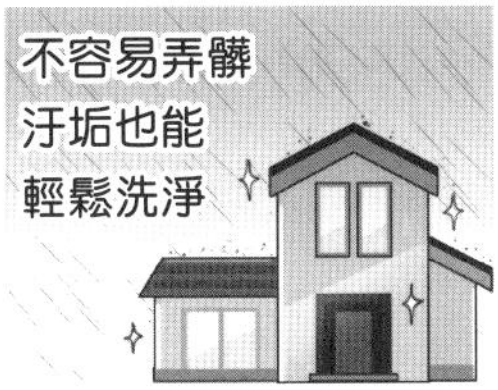
不容易弄髒
汙垢也能
輕鬆洗淨

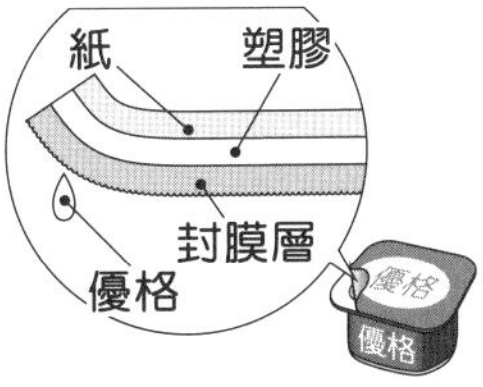
紙
塑膠
封膜層
優格
優格
優格
▲應用蓮花效應的範例。左起為紅綠燈、房屋外牆、優格封膜蓋。

魔鬼氈的靈感來自於植物果實

魔鬼氈常用於鞋子、包包和錢包蓋等隨身物品。事實上，魔鬼氈的開發靈感來自於黏黏蟲，也就是會黏在動物身體或人類衣服上的植物種子（果實）。這一節一起來探究可重複黏貼的魔鬼氈的祕密吧！

首先揭密 黏黏蟲究竟是什麼？

各位走在草原或是草叢中時，是否也曾沾黏過像照片一樣的帶刺果實？這是蒼耳的果實，裡面有種子。這類會黏在衣服上的果實，在日本被暱稱為黏黏蟲。蒼耳是夏天開花、秋天結果的植物，因此黏黏蟲常見於秋季到冬季。

▲蒼耳果實

其他常見的黏黏蟲包括牛蒡、小山螞蝗的果實，台灣常見的還有咸豐草。

黏黏蟲爲什麼可以黏在人身上呢？

蒼耳的果實為什麼可以黏在人的身上呢？

如果以顯微鏡觀察蒼耳的果實，會發現表面布滿著鉤刺，鉤刺的前端像鉤子一樣往內彎。當鉤刺接觸到人的衣服或動物體毛就會勾上去，進而黏在人類或動物的身上。

為什麼蒼耳果實會有這樣的構造？因為黏附在動物身上，就能借動物將種子帶到遠處，讓種子到很遠的地方落地生根，擴大自己族類的生存範圍。這一切都是為了生存下來，繁衍後代。

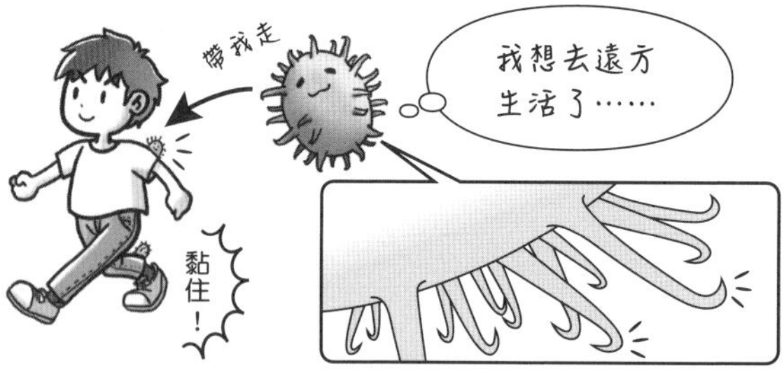

順帶一提，蒼耳已經被日本環境省列入瀕危物種（很可能會絕滅的物種），現在很少看到了。

魔鬼氈的開發過程

以前有一名瑞士人，名字叫喬治・梅斯倬。有一天他到山裡去，發現自己的衣服和狗狗身上都沾了很多果實，覺得很驚奇。於是他用顯微鏡觀察這些果實，發現果實上的小刺前端長得像鉤子一樣。

梅斯倬針對這個發現持續研究，想到模仿果實的鉤刺做出鉤子，再將鉤子扣在圓圈上，達到黏貼的目的。經過不斷嘗試，他發現排列鉤刺的帶子，可以與排列圓圈的帶子緊密貼合，還能重複黏貼，成功開發出魔鬼氈。

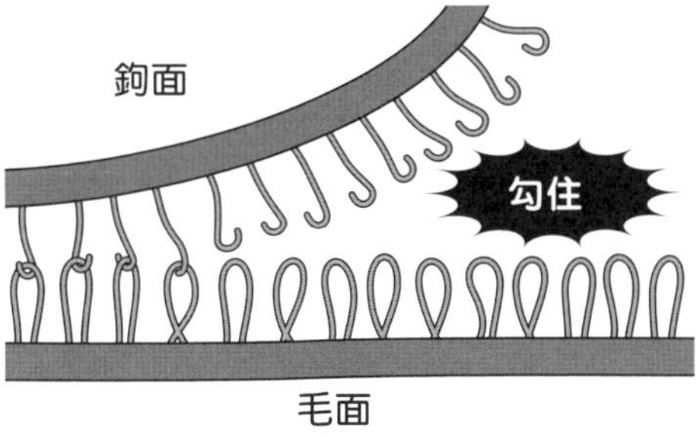
鉤面
勾住
毛面

▲魔鬼氈的黏扣機制

不只一種！還有各種型態的魔鬼氈

如今已發展出各種不同的魔鬼氈，大家可以依照自己的用途，選出黏性與觸感最適合你的產品。不同的魔鬼氈適合什麼樣的用途呢？各位不妨實際到賣場確認看看。

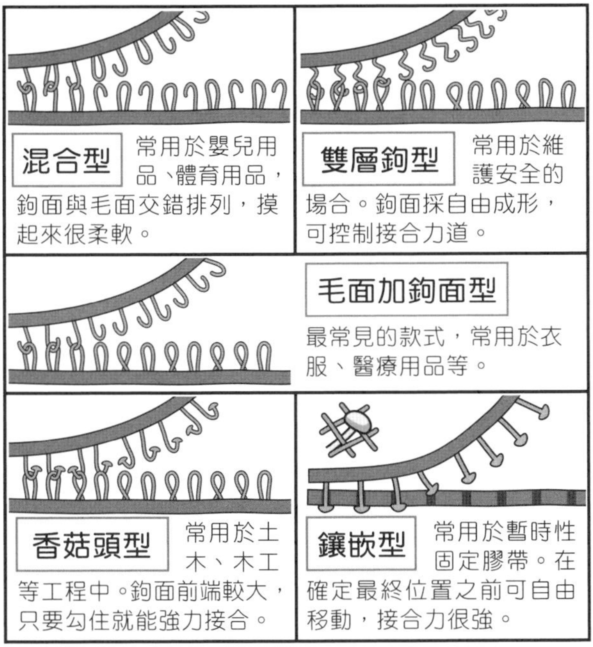
混合型
常用於嬰兒用品、體育用品，鉤面與毛面交錯排列，摸起來很柔軟。
雙層鉤型
常用於維護安全的場合。鉤面採自由成形，可控制接合力道。
毛面加鉤面型
最常見的款式，常用於衣服、醫療用品等。
香菇頭型
常用於土木、木工等工程中。鉤面前端較大，只要勾住就能強力接合。
鑲嵌型
常用於暫時性固定膠帶。在確定最終位置之前可自由移動，接合力很強。

▲各種魔鬼氈。

重複利用舊輪胎！蕈菇的特殊能力

全世界每年都會產生一億顆廢輪胎，廢輪胎使用的橡膠很難重複利用，過去大多製成燃料使用。不過，有人發現蕈菇的神奇作用，重複利用舊輪胎的橡膠不再是夢想。

各種環境問題與改善方法

現在空氣中的二氧化碳含量日益增加，地球平均溫度上升引發地球暖化。大量生產與大量消費的生活型態，產生嚴重的垃圾問題，讓現代社會面臨各式各樣的環境問題。為了改善環境，人們想出許多方法試圖減少全世界的二氧化碳排放量與垃圾量，包括減少使用資源與減少廢棄物、重複使用和回收資源與能源等做法，也就是減少（Reduce）、再利用（Reuse），以及回收（Recycle），三樣作法的英文都是R開頭的字，所以簡稱為3R。

回收廢輪胎橡膠必須解決的課題

各位生活中回收量最大的資源垃圾，就是寶特瓶這類塑膠製品。通常塑膠在回收之後，會再做成塑膠製品。不過，廢輪胎回收之後，幾乎都是被做成燃料或田徑賽道，以不同形態重複利用橡膠。話說回來，為什麼不能以橡膠的型態做出再製品呢？

原因在於輪胎等橡膠製品的製造方式。

橡膠原料是取用自特定樹種的白色樹汁，稱為「天然橡膠」。天然橡膠的分子結構像鎖一樣，在這個結構下，橡膠是沒有彈性的。

如下圖所示，為了增加彈性，在天然橡膠加入少許「硫磺」，使其產生反應，纏繞天然橡膠的鎖性結構，形成網狀，製造出具有高度伸縮性的橡膠製品。

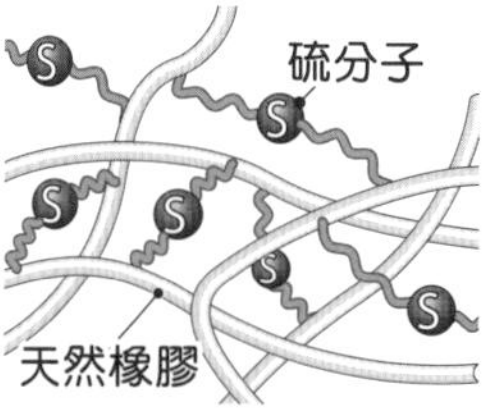

▲輪胎用橡膠的構造。

廢棄的橡膠製品若要回收再製成橡膠製品使用，就必須切開與鎖性構造連結在一起的硫分子。遺憾的是，目前的技術很難在不破壞天然橡膠的狀況下，成功切割硫分子，因此一直無法製造出回收再造的橡膠製品。

可以分解橡膠的蕈菇成爲人類注目焦點

最近發現日本的梭倫剝管孔菌與冷杉附毛菌，可以將橡膠製品的硫分子切掉。過去科學家發現了可以分解輪胎的細菌，但這種細菌會破壞天然橡膠。不過，只要使用日本的蕈類，就能在不傷及天然橡膠的狀態下切掉硫分子，提升廢輪胎回收使用的利用率，相關研究正在進行中。

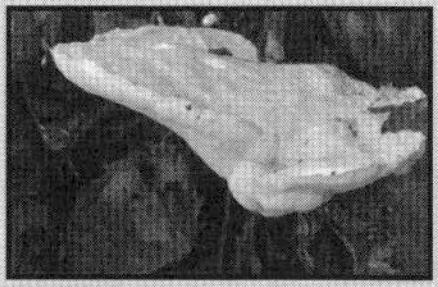

▲梭倫剝管孔菌

影像提供／PIXTA

▲冷杉附毛菌

影像提供／James Lindsey at Ecology of Commanster via Wikimedia Commons

S

▲利用蕈菇的力量切掉硫分子。

未來只要靠蕈菇就能啟動車子

蕈菇的驚人力量不只如此，有一種與上述蕈菇不同的菇類，其成分可以製造出「燃料乙醇」。

燃料乙醇指的是從玉米或廢木材等植物釀製產生的酒精，可當車用燃料使用，是目前全球注目的新能源。燃料乙醇燃燒後排出的二氧化碳，與植物為了行光合作用吸收的二氧化碳相同，不會改變空氣中的二氧化碳含量，友善環境。這樣的概念稱為「碳中和」。

製造燃料乙醇必須使用各種藥物，工序也很繁複，還很花錢。不過，若使用蕈菇產生的酵素，就能快速且便宜的製造出環保燃料。事實上廚餘也能製造燃料乙醇，未來或許我們也能看到以蕈菇和廚餘提供動力、在路上奔馳的汽車。

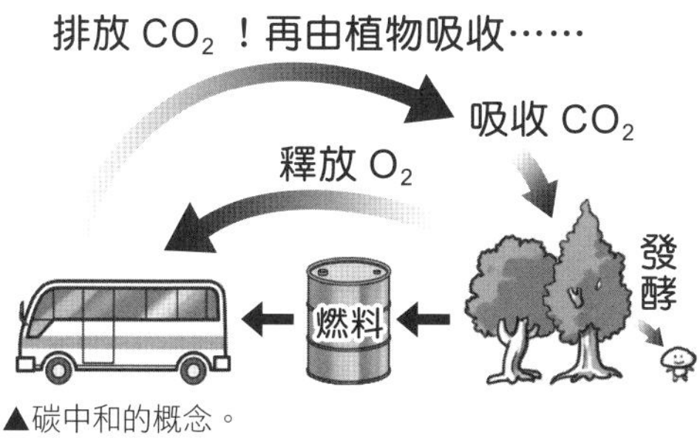
排放 CO_2！再由植物吸收……
吸收 CO_2
釋放 O_2
發酵
燃料

▲碳中和的概念。

自動調節溼度？仿效松毬的衣服

為了讓種子飛得更遠，松毬會受到溼度影響張開或收合。人類模仿松毬的特殊機制，製造出類似的纖維。

松毬對溼度很敏感

每到秋天松毬就會掉落，相信各位應該都看過這樣的情景。不過，你知道嗎？松毬掉落時每一顆的形狀多少有些差異。

這是因為松毬會受到空氣中的含水量（溼度）影響，如下方照片一樣或開或闔。遇到下雨這類溼度較高的日子，松毬就會收合；遇到出太陽這類溼度較低的日子，松毬就會張開。

▲開闔的松毬

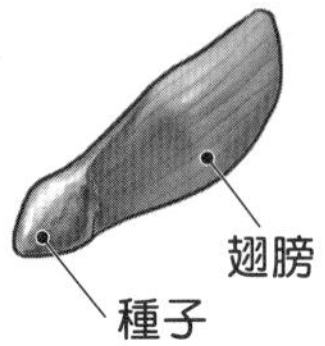

▲種子

為什麼松毬會因為溼度一會兒張開、一會兒收合呢？原因在於松毬中的種子。松毬的表面覆蓋一層「鱗片」，種子位於鱗片之間，當鱗片反捲產生縫隙，帶著「翅膀」的種子就會像螺旋槳一樣旋轉，飛到遠方。順帶一提，松毬種子的翅膀很像蜻蜓翅膀。若種子淋溼就無法飛得遠，因此松毬會在出太陽、溼度較低的日子打開鱗片，讓種子飛出去。

應用松毬結構的纖維已經成功研發出來！

松毬究竟是利用什麼樣的機制來感應溼度，藉此打開或收合鱗片呢？事實上，松毬是由兩層性質不同的纖維構成的，內側纖維無論溼度高低都不會伸長或收縮；外側纖維在溼度較高的環境容易伸長，溼度較低的環境就會收縮。由於這個緣故，當外在環境的溼度較低，外層纖維就會收縮，使鱗片反捲，向外張開；相反的，當溼度較高，外側纖維就會伸長，使鱗片閉合。

於是有人利用松毬的結構特性，研發出新的纖維。這款纖維由兩個部分構成，包括不會因溫度變化的核心層，以及容易吸附水氣的包覆層。溼度高的時候，核心層不會產生變化，但包覆層會收縮。因此，纖維乾燥時是直的，纖維弄溼時，包覆層就會吸收水氣並且變彎。

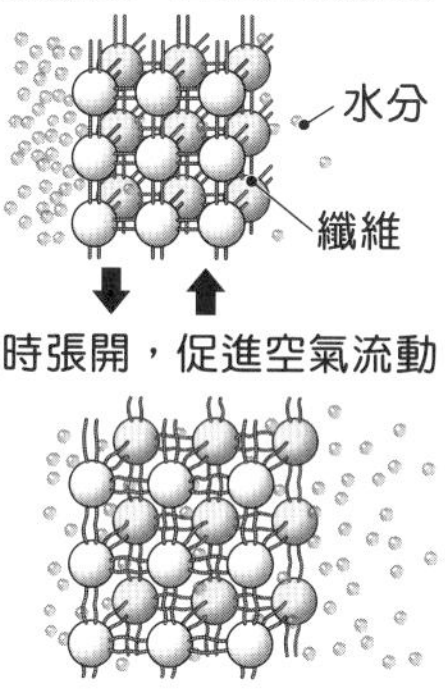
乾燥時關閉，降低空氣流動。
水分
纖維
潮溼時張開，促進空氣流動。
▲模仿松毬的生理機制

穿上智慧型織品享受極致舒適！

在不流汗或氣候乾燥的時候，利用上述纖維製成的衣服，纖維與纖維之間緊密排列，縫隙變小，可將衣服內側的溼度維持在一定程度，讓穿著者感覺舒適。相反的，遇到流汗或溼度較高的情況時，纖維與纖維之間的縫隙就會變大，促進水蒸氣揮發。簡單來說，無須穿脫衣服就能自動調節衣服內的溼度，讓穿著者感到舒適愉快。擁有這類機能的纖維就是智慧型織品。

寒冷時
將熱氣蓄積在衣服裡。
流汗時
水蒸氣揮發。
▲穿上這件衣服後再也不會覺得悶熱。

今後很有可能會開發出更多功能的智慧型織品，例如在纖維裡埋入可以測量體溫和脈搏的感測器，只要穿上衣服就能管理身體狀況。感測器還能連上網路，方便使用者管理數據。

還能運用在這些製品上

除此之外，也有人將松毬的開闔機制運用在遮陽板上。在溼度較高的早晨和傍晚，遮陽板會收起來，讓更多陽光進入室內。在溼度較低的白天，遮陽板就會張開，遮蔽強烈陽光，避免室內溫度過高。這樣的機制可以運用在許多用途上。

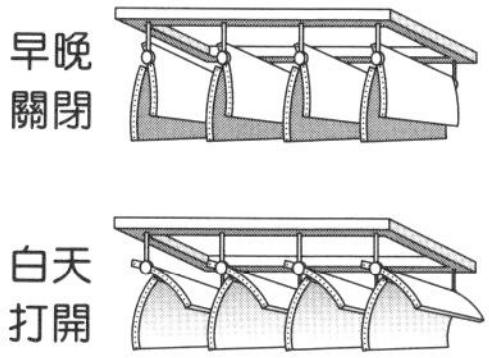
早晚關閉
白天打開
▲自動開啟的遮陽板

衝啊！馬竹

你們看。我可以站這麼高喔。
我還可以用單腳跳呢！哈哈。
踩什麼高蹺嘛……
怎麼都流行些討人厭的遊戲啊。
會不會踩……
和一個人的價值一點關係都沒有。
フン
※哼
為什麼我踩高蹺的技術這麼厲害啊？
對了，明天來舉辦踩高蹺比賽吧！
眞有趣！好啊。
你是故意的吧？
大雄你也會參加吧！
別鬧了，那傢伙又不會踩，這樣太可憐了吧。
啊！我好像說了很過分的話呢！

被人說成那樣，身爲男人能讓步嗎？
說得好!!
絕不能退縮。
所以啦，我就跟他們說好要參加踩高蹺比賽！
當然要參加!!
了不起!!
挑戰自己不擅長的踩高蹺，這股幹勁太令我高興了。
爸爸幫你做高蹺。
馬上開始練習吧。
不是……我其實……
做這個讓我想起了小時候的事……
那時爲了練習踩高蹺，把自己摔得遍體鱗傷。
但也因爲這樣，學會的時候就特別高興。
好好努力吧。
這種東西我怎麼可能練習得來嘛！
不可能啦。

生物超能模擬器Q&A

Q 汽車側邊的小突起，靈感來自於什麼動物？ ①遊隼 ②旗魚

實在太可疑了。大雄竟然自信滿滿的說要來參加比賽。
一定又會去找哆啦A夢幫忙。
像是拿出未來世界最新型的高蹺之類的。
他想用這種方法搶走優勝嗎？
沒有那種東西啦!!
如果你不拿出道具幫我，我就麻煩了。
在二十二世紀已經不流行踩高蹺了啦!!
你要我在別人面前丟臉嗎？
嗚哇～
雖然沒有高蹺，不過倒是有類似東西……可是，那個有點……
只要像就行了。
那我去帶一個過來。
帶過來？
ヒヒ
ヒーン

※嘶嘶！嘶～

A ②旗魚。汽車側邊的小突起稱為穩定鰭，安裝穩定鰭之後，可以維持車體穩定，減少燃油量。

※日文「馬竹」發音類似「高蹺」
※嘶嘶、喀噠、喀噠、嘶
什麼？這個生物是什麼？
ブルル
ヒヒィン
パカパカ
這是馬跟竹子的混種，叫「馬竹」！
是利用二十二世紀的科技所發明的新物種喔。
※踢
不但絕對不會倒下去，而且跑起來的速度也很快。
我來試試看。
ポカ
※喀噠、喀噠、嘶
看吧！馬竹不高興了。
パッパカ
パカパ
因爲你的腳太髒了。
馬竹的自尊心很強，去換雙襪子來吧。
※哼
ブルル
用紅蘿蔔討牠歡心。
要說「乖喔～」然後輕輕撫摸牠，再騎上去。
好麻煩喔。

生物超能模擬器Q&A

Q 吸塵器集塵後會壓縮灰塵垃圾的體積，這項靈感來自於什麼動物？①兔子 ②狗 ③貓

A

③貓。貓利用舌頭上的小刺把舔起來的毛弄小，廠商運用這項特性壓縮垃圾體積。

啊~
眞好！
大雄
太可惡了！
※噗嚕嚕
眞好玩。
ブルル…
到明天
比賽前，
就讓牠多喝水，
好好休息吧。
竹竿被我拿去
做高蹺了。
我要
晒衣服啊，
這樣我
怎麼晒？
等一下，
我去找東西
來代替
……
有了！
這個竹竿
好奇怪喔。
哪裡
奇怪
啊？
※溼搭搭
ベチャ
噗！
噗嚕
嚕嚕！

生物超能模擬器Q&A

Q 雪胎上的溝紋源自什麼動物？①企鵝 ②北極熊 ③海豹

A ②北極熊。北極熊腳掌也有相同溝紋，當水滲入雪胎的小凹槽，可避免車子打滑，乘坐起來也很舒服。

噗嚕嚕…
噗嚕！
噗嚕！
ブルル…
太好了！到我家裡來吧！我會好好珍惜你的。
那是我的馬竹啊!!
都已經跑掉了，也沒有辦法啊。
不可以養那麼危險的東西。
明天一定會被他們取笑的！
不！這樣才好。
既然要比賽，就要用眞正的高蹺比賽啊！

別人做得到，你怎麼可能會做不到呢？
就算全身是傷，也要繼續練習。
哆啦A夢好嚴格喔。
什麼嘛，原來這麼簡單啊。
爲什麼之前我都學不會呢？
我就說吧！
キャー
ワー
爲什麼高蹺還會大便啊!?
快點把牠趕出去!!
一靠近牠就會被踢啊！

※鏘、哇

第4章　以生物為靈感發想的最新技術【模仿形狀】

目標是打造更快速的新幹線！

自從開業以來，新幹線的外形持續變化，實現了高速化、安全和省能源的目標，也成功降低噪音。事實上，新幹線的外形源自於某種生物的姿態。

夢想中的高速鐵路　日本新幹線的外形變化

新幹線是在一九六四年，也就是舉行東京奧運的那一年正式營運。第一代（初代）的0系新幹線載客時速超過兩百公里，由於車頭外觀的關係，一般大眾稱它為「團子鼻（圓鼻頭）」。

影像提供／PIXTA
影像提供／PIXTA
影像提供／PIXTA
影像提供／PIXTA

▲歷代新幹線

如今新幹線推出了各式各樣的車輛，將旅客運送至日本各地。最高時速為三百八十二公里，載客時的最高時速也有三百二十公里。

劃時代的500系新幹線「希望號」

於一九九七年正式通車的「希望號」屬於500系新幹線，載客時速高達三百公里，是當時最快的高速鐵路。

不過，500系新幹線從研發到正式上路，經歷了各種困難挑戰。舉例來說，想要實現高速化的目標，不只會產生噪音，還會增加耗電量。為了解決這些問題，必須在外形上下工夫。

參照上方的500系新幹線照片，就會發現車頭（第一節車廂）是尖的，這是它最大的特徵。尖車頭占第一節車廂的一半以上，長達十五公尺。據說這是參考某種鳥類外形獲得的設計靈感，各位知道是哪一種鳥嗎？

捕魚高手——翠鳥

答案是擁有漂亮鈷藍色羽毛的翠鳥。

翠鳥是很有名的捕魚高手，擅長埋伏在水邊的樹枝上捕魚。當牠發現獵物，就會迅速俯衝入水裡，此時不會激起水花，因此不會驚動

▲翠鳥

水裡的魚。這樣的特性最適合狩獵。翠鳥俯衝入水中卻不會激起水花的原因在於鳥喙的形狀，翠鳥的鳥喙又尖又細長。這個形狀可以減少俯衝入水的衝擊力道，不容易激起水花或產生噪音。

500系新幹線的第一節車廂就是從翠鳥的鳥喙形狀獲得靈感，設計製造而成。細長尖銳的車頭可以減少空氣阻力，降低噪音。

▲500系新幹線的外形與翠鳥尖尖的鳥喙形狀，十分相似。

持續進化的新幹線 未來會走什麼樣的風格？

500系新幹線問世之後，新幹線的外形仍然持續進化中。一九九九年推出的700系新幹線採用特殊設計，進一步降低噪音。

以500系新幹線為例，尖車頭占第一節車廂的比例過大，會使車輛不容易轉彎，搭乘人數也會變少。為了改善這些問題，700系在開發時就決定縮減第一節車廂的長度。第一節車廂還採用如下圖所示的獨特外形，不僅能減少噪音，還能輕鬆轉彎，減少左右搖晃，讓乘客坐起來更舒適。由於車頭外形近似鴨嘴獸的嘴，被日本人暱稱為「鴨嘴獸」。

還有其他模仿生物外形的例子，有一種獨木舟的船首模仿翠鳥，船尾則模仿鴨嘴獸的嘴，可以提升速度，遇到障礙物也能靈活躲避。

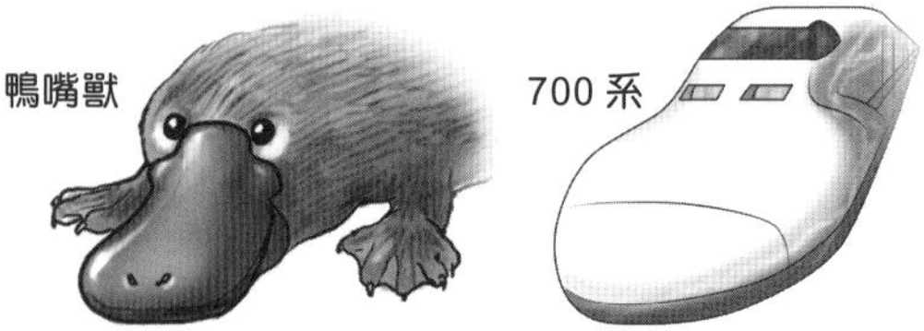

▲700系新幹線與鴨嘴獸的嘴，真的好像。

※700系已在2020年退役，現在營運的是N700系。

寧靜夜晚的獵人──貓頭鷹

500系新幹線以改善車體設計的方式減少噪音。事實上，用來取得電力的「集電弓」也是噪音來源。貓頭鷹的羽毛可以解決這個問題。

小心悄悄接近的黑影

貓頭鷹的特色是平臉和朝向前方的雙眼。貓頭鷹是夜行性動物，以老鼠為主要食物。平臉就像拋物面天線，可以有效聚光或收集聲音。貓頭鷹的雙眼在暗處也能清楚視物；牠的雙耳位於臉部的左右兩側，可捕捉細微聲音，感測聲音的位置，即使在夜晚也能精準掌握獵物的所在方位。貓頭鷹揮動翅膀時不會發出聲音，能悄悄接近獵物。

▼貓頭鷹

為什麼揮動翅膀會發出聲音？

鳥類靠揮動翅膀飛翔，此時往下壓的空氣會相互碰撞，形成空氣漩渦，因此發出聲音。這個現象稱為空氣阻力。我們跳繩時發出的咻咻聲也是同樣的原理。漩渦越大，聲音就越大；漩渦越小，聲音就會越小。

觀察貓頭鷹的外形，會發現以身體比例而言，牠的翅膀相當大。各位可能會覺得大翅膀遇到的空氣阻力較大，揮動翅膀的聲音一定很大聲。事實上，貓頭鷹飛行的時候很安靜。原因在於牠採取展翅滑翔的飛行方式，減少揮動翅膀的次數。此外，牠的羽毛形狀也有巧思。

鋸齒狀羽毛是靜音的關鍵

▼貓頭鷹的羽毛

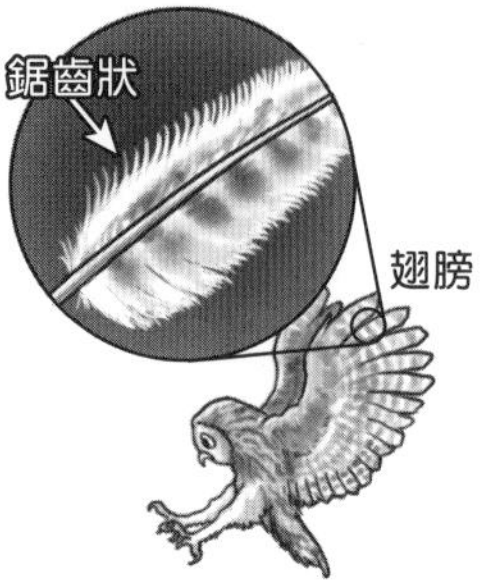

放大貓頭鷹的羽毛仔細觀察，會發現羽毛邊緣呈鋸齒狀。

▲鴿子和貓頭鷹拍打翅膀時空氣漩渦的差異。

以沒有鋸齒狀羽毛的鴿子和貓頭鷹相比，鴿子拍打翅膀時形成的空氣漩渦（空氣碰撞產生的現象）較大。另一方面，貓頭鷹拍打翅膀時，相互碰撞的空氣變得分散，形成的空氣漩渦很小，因此聽不見任何聲音。

想盡辦法減少噪音！

人類的世界有許多想要消除的聲音，電車聲正是其中一例。電車運行時發出的噪音，主要來自設置於電車車頂，取得電力以發動電車的「集電弓」。集電弓遭遇空氣阻力就會發出噪音。

過去的集電弓是由許多個零件組裝而成，外觀為菱形。500系新幹線在開發時就發現當車速越快，集電弓碰撞空氣的聲音就會越大。為了改善這個問題，製造商決定減少零件，模仿貓頭鷹，在側邊加入鋸齒狀線條。結果成功的縮小流動至後方的空氣漩渦，降低噪音。

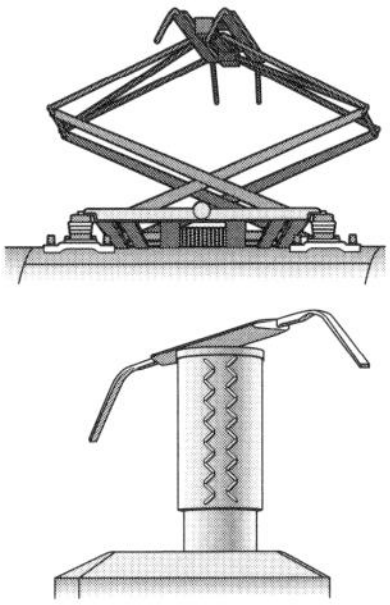

▲以前的集電弓（上）與改良之後的集電弓（下）。

電腦運行時也很安靜

電腦內部的「散熱風扇」也採用貓頭鷹的羽毛設計。將散熱風扇的扇葉邊緣設計成鋸齒狀，就能降低電扇運轉的嗡嗡聲。

不只是減少噪音，鋸齒狀構造還有另一個功效。鋸齒狀構造可以順利引導交通工具前進時碰撞的空氣，降低空氣阻力，協助飛機維持穩定飛行，讓汽車更加省油，開得更遠。

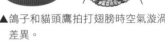

座頭鯨的胸鰭與風力發電有關？

座頭鯨悠遊在大海之中，它的胸鰭形狀相當特別，很適合游泳。這一節將介紹座頭鯨的祕密，以及人類模仿座頭鯨研發出來的技術。

座頭鯨永遠不會累

各位是否有過這樣的經驗，在游泳池裡走路或游泳，比在陸地走相同距離還累？關鍵在於在水中走路或游泳時，會承受來自水的「阻力」（請參照第九十八頁）。鯨魚和人類一樣是哺乳類，卻可以悠遊於大海之中。事實上，牠的身體結構可以充分對抗水中的阻力。

凹凸不平的胸鰭可以節省體力

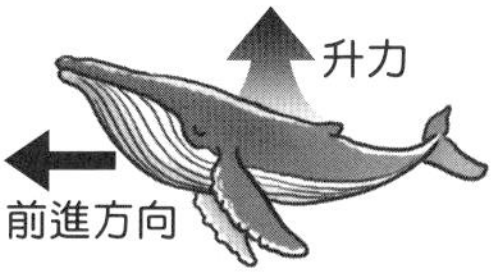
升力
前進方向
▲鯨魚可以加大升力，讓自己不往下沉。

鯨魚的體型龐大卻可以自由自在的在海裡游泳。為了達成這一點，鯨魚必須具備極大的「升力」。升力指的是對前進方向作用的向上力道，飛機就是利用升力的最好例子。可以高速移動的飛機，機翼做得十分光滑，以減少空氣阻力。

不過，座頭鯨的胸鰭前方卻是凹凸不平，使牠無法像飛機一樣高速移動，卻可以在游得很慢的情況下掌握水流，產生極大升力。不僅如此，胸鰭傾斜的角度越大越不會失速，可在海中自在悠遊。

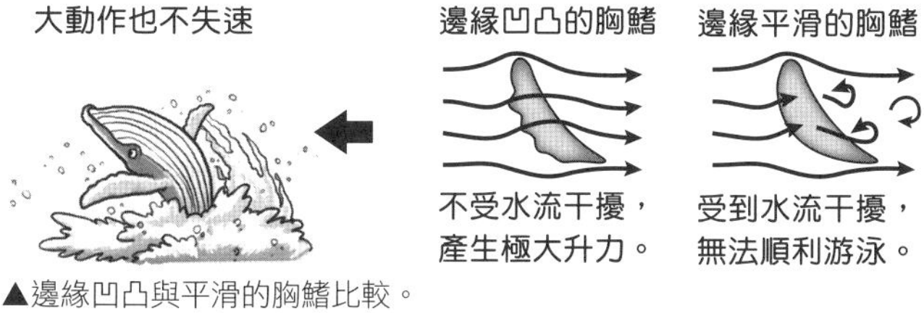
邊緣平滑的胸鰭
受到水流干擾，
無法順利游泳。
邊緣凹凸的胸鰭
不受水流干擾，
產生極大升力。
大動作也不失速
▲邊緣凹凸與平滑的胸鰭比較。

模仿胸鰭的風力槳可有效製造電力！

受到座頭鯨胸鰭形狀的啟發，已經有廠商開發出有效製造電力的技術了。

也就是將風力轉換成電力的「風力發電」。各位是否看過設置在山上或海岸線、不停旋轉的大型風車？那是風力發電機。只要有風，風力發電機就能隨時隨地製造電力，是一項環保發電技術。

遺憾的是，如果風勢太小，無法轉動風力槳就無法發電，於是製造商注意到座頭鯨的胸鰭。他們猜想座頭鯨游得很慢卻能掌握水流的胸鰭構造，是否也能掌握微弱風量，有效率的發電？於是他們將風力槳的邊緣設計成凹凸不平，即使風力較小也能確實旋轉，還能減少噪音，提升發電效率。

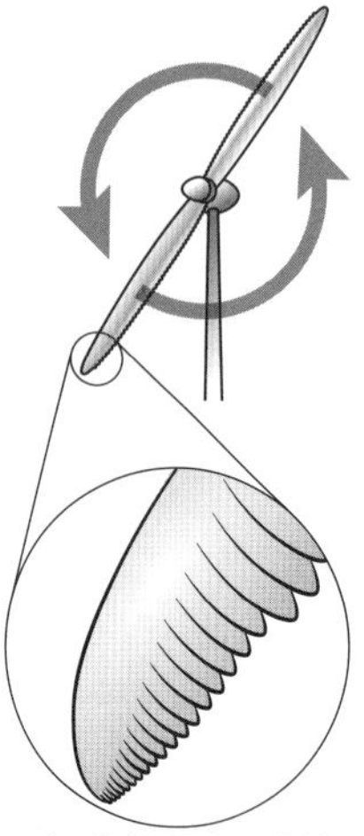

降低空氣阻力，增加升力。

▲邊緣凹凸不停的風力槳放大圖。鋸齒狀邊緣可以減少噪音，和新幹線的集電弓一樣。

小知識

這些產品也採用凹凸設計！

有些動物的身上也有凹凸不平的部分，就像座頭鯨的胸鰭一樣，蜻蜓就是其中一例。仔細觀察蜻蜓翅膀，會發現蜻蜓翅膀也同樣的凹凸不平。只要有風吹過翅膀，邊緣四周就會產生小小的空氣旋渦，將風如輸送帶般往後導引。多虧如此，空氣可以順滑的流經整個翅膀。這就是蜻蜓在無風狀況下也能獲得升力，在強風中也能穩定飛行的原因。

據說將風力槳設計成蜻蜓翅膀的形狀，製成小型風車，只要風速一公尺（微微吹動樹葉）的微風就能使風車轉動。運用此一原理，目前正在開發家庭用的小型風力發電機。

此外，喇叭的「振膜」也採用凹凸設計。振膜是一種將空氣振動轉換成電子訊號，再發出聲音的裝置，必須輕盈耐用，而且充分傳遞空氣振動。蜻蜓翅膀是最符合上述條件的參考範本。

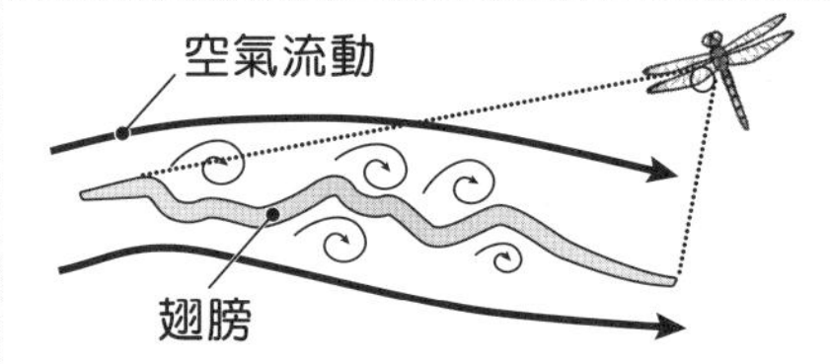

▲蜻蜓翅膀

不需要空調！白蟻塚

白蟻吃木造房屋，是人類常見的害蟲。不過，有些在草原生活的白蟻利用土壤建造「白蟻塚」，據說蟻塚內部十分舒適。

白蟻是大家族！

棲息在非洲平原的白蟻建造高度超過五公尺的白蟻塚，裡面各有一隻蟻王和蟻后，還有數百萬隻工蟻與兵蟻。非洲平原的白天很熱，氣溫高達四十到五十度，但晚上十分寒冷。不過，白蟻塚的內部溫度隨時保持三十度左右。在嚴酷的生活環境下，龐大的白蟻家族還能在白蟻塚中愉快生活，各位知道其中有什麼祕密嗎？

在嚴酷環境下還能住得舒適的巢

白蟻塚內的氣溫可以保持舒適的祕密，在於裡面有無數隧道。白蟻塚內的熱空氣隨著隧道往上升，再從上方洞孔排出。地底的涼爽空氣從底下洞孔進入，使內部隨時保持一定溫度。

白蟻塚的土牆有許多小孔，保持空氣流通，有助於維持白蟻塚內的穩定氣溫。

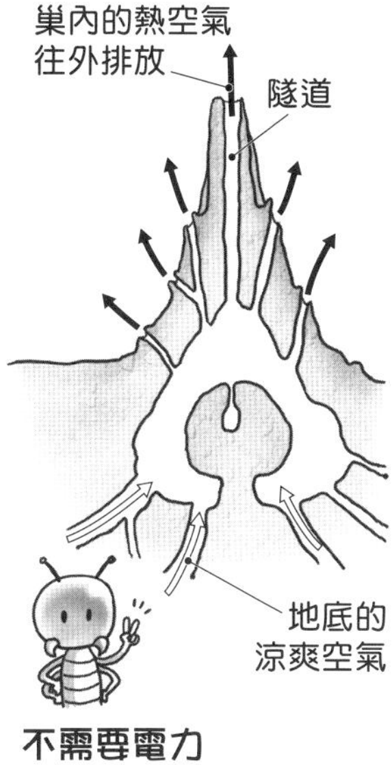

▲利用熱空氣較輕且往上升的特性。

夏天也不需要冷氣的建築物

非洲的辛巴威共和國模仿白蟻塚維持恆溫的作用機制，興建了一棟九層樓高的「東門中心」。辛巴威白天戶外氣溫接近三十度高溫，東門中心卻沒有安裝任何空調。令人驚訝的是，在沒有空調的狀態下，東門中心將室內溫度成功控制在攝氏二十五度。

運作原理相當簡單，從大樓下方的通風口引進涼爽的室外空氣，原本在室內的熱空氣經由煙囪排出屋外。這樣的設計大幅降低空調費用，降至原本的一成。

這類只使用少量電力維持涼爽溫度的方法，稱為「被動式冷卻（passive cooling）」。以竹簾遮陽或是在地面灑水也是被動式冷卻的一種。

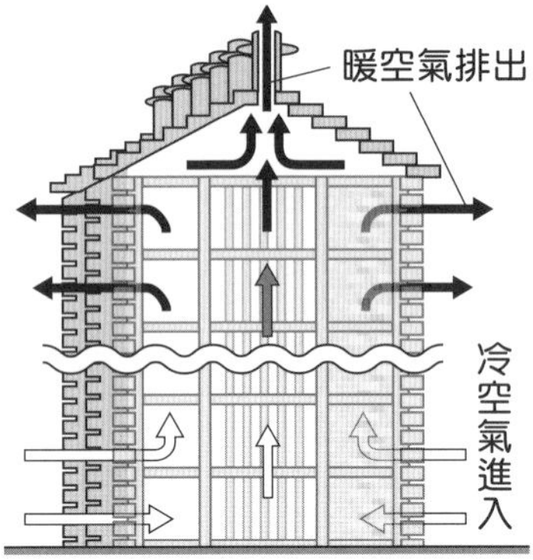
暖空氣排出
冷空氣進入
▲東門中心的空調運作機制

不只是氣溫還能維持溼度

剛剛已經說明過，白蟻塚土牆上的無數小洞具有換氣和調節氣溫的作用，其實還有其他功用，那就是可以維持白蟻塚的溼度。於是有廠商參考白蟻塚的土牆，開發出表面布滿小洞，有助於保持溼度的磁磚。

將這款磁磚貼在家中牆面上，遇到溼氣較高的潮溼氣候，磁磚會吸收溼氣。相反的，遇到溼度較低的乾燥氣候，磁磚就會釋放水氣，讓室內維持舒適的溼度。不僅如此，這款磁磚還能吸附並牢牢鎖住空氣中有害的化學物質或異味，因此可以用來鋪設在房間的牆面與地板。白蟻塚真的太神奇了！

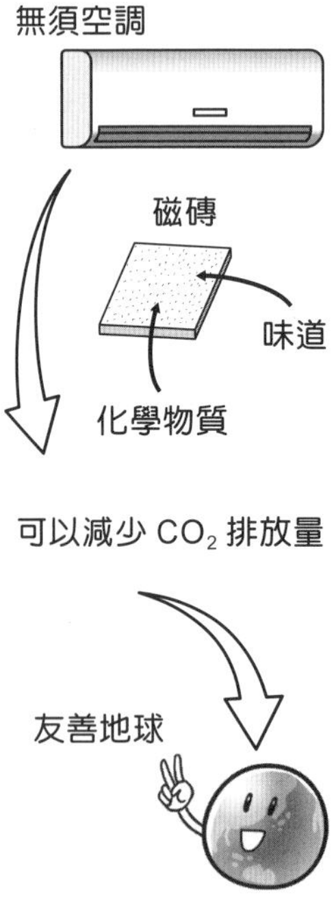
無須空調
磁磚
味道
化學物質
可以減少 CO_2 排放量
友善地球

脫逃高手！向箱魨看齊

無論是體型和動作，箱魨與大多數魚類都不一樣。人類從箱魨的體型和身體結構，開發出輕量卻耐撞擊、風阻也低的車輛。

方形箱子般的魚

顧名思義，箱魨的身體就像箱子般呈四方形，是箱魨科的族類。由於色彩鮮豔，行為討喜，是相當受歡迎的寵物。

箱魨全身覆蓋著一大塊由多個鱗片發展而成的六角形堅硬骨板，比其他魚還硬，就像穿上鎧甲一樣。

不過，也因為穿上鎧甲的關係，箱魨無法像其他魚一樣扭動身體游泳，而是慌張的擺動魚鰭。

▲四方形身體是粒突箱魨的外形特徵。

沒想到這種泳姿還能游這麼快！

箱魨無法像大多數魚類扭動身體，各位可能會認為牠們不善於游泳吧？

事實上，牠們游得很快唷！箱魨的四方形身體讓水往後流動，促使水流順暢，減少水中阻力（參考八十六頁說明），最快一秒鐘可以游體長六倍的距離。即使是游泳高手海豚，最快的時候一秒鐘也只能游體長四到五倍的距離。換句話說，箱魨游得比海豚快。

箱魨通常棲息在藏身處較多的珊瑚礁，由於牠是短距離游泳健將，因此能否迅速躲藏成為保命關鍵。

平時是……
你還好嗎？
漂浮
漂浮
遇到敵人時……
咻～
好快！

保護箱魨的武器

箱魨堅硬的四方形身體「無法保持穩定」，這項特色可以幫助牠躲避天敵。由於身體無法保持穩定，只要稍微動一下魚鰭，就能輕鬆迴轉。遇到需要逃命的緊急時刻，大多數的魚都要像汽車迴轉一樣畫圓，才能夠轉一百八十度，但是箱魨可以原地向後轉。不僅如此，牠的四方形身體四周會形成小漩渦，避免水流影響不穩定的身體。

此外，如鎧甲般堅硬的身體也很難被天敵咬碎。而且當牠感受到危險時，皮膚還會釋放出毒素。不過，毒素也有可能奪走自己的性命，因此箱魨絕對不會輕易放毒，這可說是牠最後的護身武器。

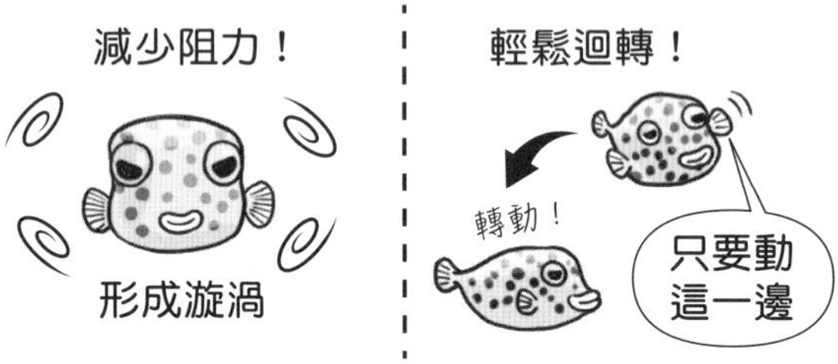

減少阻力！
形成漩渦
輕鬆迴轉！
轉動！
只要動這一邊

▲箱魨的方形身體有一項好處，那就是可以輕鬆迴轉，減少水中阻力。

以箱魨爲模型的箱魨車

箱魨的外形吸引了車商的注意，採用粒突箱魨的體型與構造，研發出一款仿生汽車，也就是賓士車廠推出的「梅賽德斯・賓士仿生」（Mercedes-Benz Bionic）。

粒突箱魨的體型可以減少水中阻力，賓士仿生的車體則源自於粒突箱魨的外形，使其承受的風阻很小，車內空間也變大。不僅如此，賓士仿生還模仿了粒突箱魨堅硬的鎧甲構造，以更少的材料製造出耐撞擊的車體。

減少空氣阻力，減輕車體重量，就能達到省油目的，可說是友善環境的環保車。儘管賓士仿生還沒有正式上市，我們依舊期待有一天能在街上某處，看到模仿粒突箱魨堅硬身體的四方形汽車。

影像提供／梅賽德斯・賓士日本

▲以粒突箱魨為參考範本的「梅賽德斯・賓士仿生」，宛如粒突箱魨的方形車體是其設計特色。

我是快樂的蝸牛

生物超能模擬器Q&A

Q 在溼滑甲板上行走也不會滑倒的甲板鞋，設計靈感來自於小狗。這是真的嗎？

A 真的。小狗的腳掌有波形溝紋，可以排水，即使走在結凍的馬路上也不會打滑，還能來回奔跑，是甲板鞋的設計靈感。

除了離家出走外，有沒有別的方法能向媽媽抗議？
如果不是離家，而是躲在家呢？
躲在家？
「蝸牛屋」。
只要躲到這裡面去，誰都拿你沒輒。
這麼小進得去嗎？
ペタ
※黏住
啊？
啊……
スポ
※吸入
感覺如何？

Q 有一種電鍋裡面有攪拌器，可以把飯煮得更好吃。其設計靈感來自哪種動物的翅膀？

滿舒服的。
不但寬敞，而且還很涼快。
最重要的是很有安全感。
你可以在裡面抗議到媽媽相信你為止。
怎麼樣？大雄！
知道自己錯了沒？
大雄人呢？
裡面。
乖乖道歉我就原諒你。
該道歉的是你。
呸！
你那是什麼態度!?
躲入
你就算喊破喉嚨，他也聽不到。
以後休想吃點心！

※大聲怒罵

A 企鵝。往後傾的翅膀形狀攪拌器可以充分攪拌米和水。

不要跟著我！
媽媽才不要擋我的路呢!!
我去買東西。
一邊吹風，一邊看著路過的行人也不錯。
以後就住在這裡吧。
啊，如果有大雄的信請給我。
從今天起我的家在這邊，跟那個家一點關係也沒有，不要送錯信了。
是夏天問候信……我也得回信才行。
大雄變成蝸牛了。
很適合動作慢吞吞的大雄。
笨～蛋～

你這個笨蛋居然還敢罵人家!?
※拳打腳踢
好痛喔！
※嘩啦啦
沒關係。
我是蝸牛下雨不愁，啦啦啦啦～
鼾……
不好意思。
請問大雄在家嗎？
外面那隻蝸牛就是大雄。

生物超能模擬器Q&A

Q 哪種生物受到人類注意，應用在照明與展示技術的研究上？①陽隧足 ②鮟鱇魚

好吧……
還有，不准派我去買東西，有時候可以偷懶不洗臉，此外……
對了，考卷拿來給我看看。
……
……
!
大雄!!
我看火山爆發暫時不會平息了。
早知道還是找不到考卷比較好。

A ①陽隧足。有些陽隧足的腕足表面有透鏡結構，可以看到各個角落的景物。人類將這項特徵應用在微透鏡陣列的研究中。

蝸牛(露螺)殼是永遠不會髒的家

每年一到雨季，就會看到蝸牛(露螺)悠閒的附著在葉子上。事實上，蝸牛殼很難弄髒。這一節我們一起來探索蝸牛殼的祕密吧！

不易沾附髒汙的蝸牛殼

蝸牛是陸生動物，屬於螺類的一種。蝸牛殼有一部分是由體內製造的甲殼素與鈣構成，不只可以保護內臟，也能避免敵人攻擊或乾燥氣候的危害。

話說回來，各位知道蝸牛殼無須清洗也能隨時保持乾淨嗎？明明蝸牛生活在滿是葉子和泥土這類容易弄髒的環境，為什麼還能這麼乾淨呢？

祕密就在蝸牛殼的表面結構，一起來了解吧！

表面的薄水膜是不弄髒的祕密所在

蝸牛殼的表面有細細的溝槽，可以儲存水。

甲殼素很容易與水結合，能夠牢牢抓住水分，這使得殼的表面形成一層薄薄的水膜。

沾附在水膜上的髒汙不會和水混在一起，而是浮在水上，一旦下雨就能洗淨髒汙。這就是蝸牛殼不需要清理的祕密。

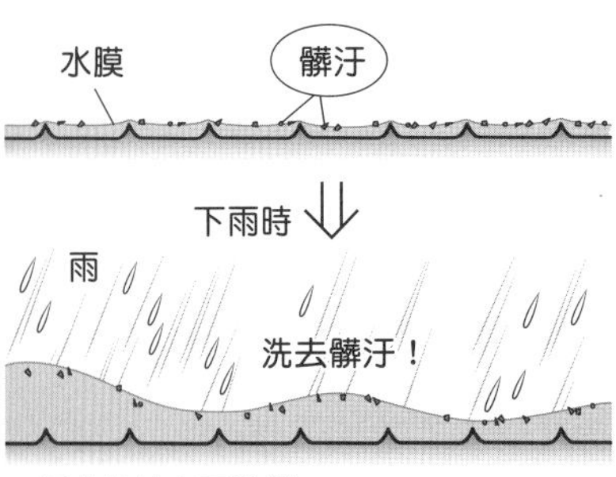
髒汙浮在水上
水膜
髒汙
下雨時
雨
洗去髒汙！

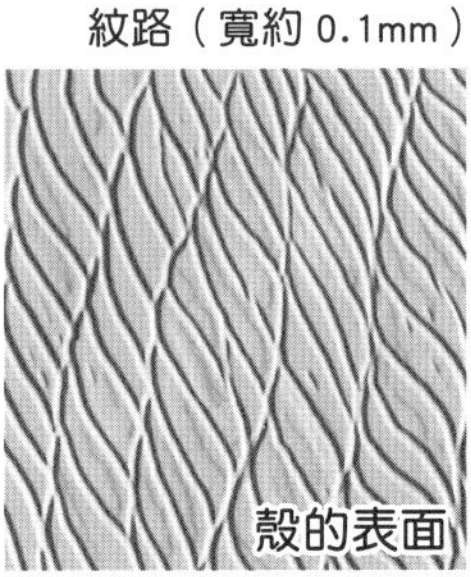
溝槽（寬約 0.5mm）
紋路（寬約 0.1mm）
殼的表面

▲蝸牛殼的表面狀態

蓋一間下雨就能清潔的房子！

如果大家居住的房子外牆也能像蝸牛殼一樣，遇到下雨就能清掃乾淨，真的能讓我們輕鬆不少。因此已經有廠商開始研究可以讓表面凹凸不平形成水膜、利用雨水清潔外牆的材料。

研究過程中最難克服的問題是打造出「晴天也能維持水膜的牆面」。蝸牛是動物，可以刻意淋雨或是前往溼氣較高的地方。可是房子不會移動，必須找出即使在溼度較低的晴天也能夠維持水膜的方法。

▲矽膠

為了達成這個目標，製造商使用了矽膠（二氧化矽）材料。矽膠可以吸附空氣中的水分，常用來製成乾燥劑。將親水性佳的矽膠燒製在表面有細微凹凸的磁磚上，就能做出與甲殼素一樣吸水性高的材料。將這款磁磚鋪設在房子外牆，就能讓廢氣或空氣中的塵埃等難以去除的髒汙浮在水上，只要下雨就能洗淨。像蝸牛殼一樣無須清理的房子就這樣實現囉！

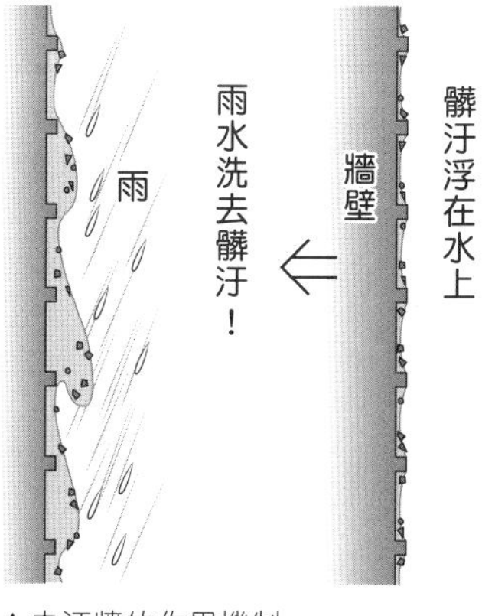

▲去汙牆的作用機制

這項技術不只能運用在房子外牆，還能應用在用水較多的廚房水槽或浴室牆壁。此外，不易清洗的飛機機體也是應用對象。

小知識

蝸牛會吃水泥？

蝸牛殼的主要原料是鈣。蝸牛經常爬上水泥建築物，是因為牠會吃水泥溶出的鈣，以維持殼的構造。

祕密就在表皮！泳技高超的鯊魚

人在水裡很難走動，但魚兒在水裡可以游來游去，你知道為什麼嗎？魚類的身體構造使牠們能在水中迅速游動，這一節就來揭開牠們的身體奧祕吧！

體型龐大的鯊魚游得很快

在水中游泳的生物經歷長年累月的時間，身體構造因應生活環境，逐漸演化適應。鯊魚就是其中一例，牠的游動範圍相當廣闊，以其他魚類為食。

據了解，全世界的鯊魚大約有五百種。牠們平時悠遊於海中，但一發現獵物就會迅速靠近，一口咬住吃下肚。因好萊塢電影聲名大噪的大白鯊，體重達六百到一千公斤，十分沉重。當他追捕海狗（獵物）的時候，時速可以高達二十四公里。順帶一提，人類不管再怎麼游，最快時速也不過八公里左右，一比就知道鯊魚有多厲害了。

人類在水中身體會受到水的壓迫

當我們在水裡游泳的時候，會感受到來自水的壓迫感，這是接觸身體的水對身體作用的力量，稱為阻力。

就像在空氣中形成空氣漩渦一樣，當體表光滑平坦，會在與前進方向相反的方向形成許多小漩渦，阻礙往前進的速度。

但是鯊魚卻能夠在水中迅速游動，各位知道鯊魚的表皮長什麼樣子嗎？

▲人類在水中游泳時，水的阻力會對身體作用，很難游得快。

鯊魚表皮的祕密

實際觸摸就會發現鯊魚表皮十分粗糙。

鯊魚的鱗片很硬，密密麻麻的重疊在一起，而且鱗片上還有溝紋，從頭部到尾鰭形成V字形鋸齒紋路。

鯊魚游泳時，水會在溝紋中呈一直線流動。另一方面，水漩渦不會進入溝紋，會在溝紋外側形成。這代表漩渦離身體有一段距離，漩渦造成的水中阻力較小。

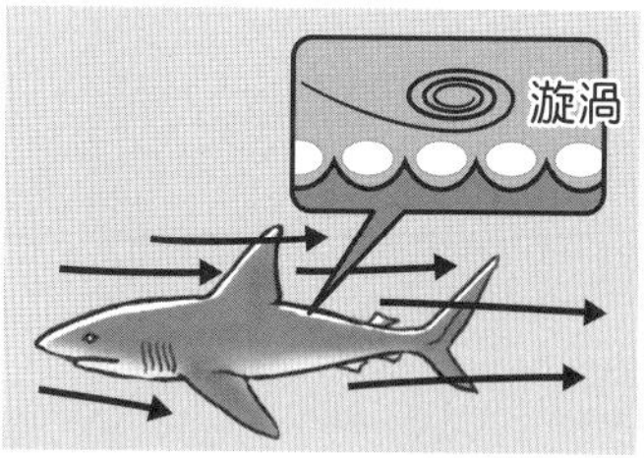

▲漩渦會在離身體一段距離的地方形成，可減少水中阻力，讓鯊魚迅速在水裡游動。

可應用在泳衣和飛機？

鯊魚的表皮構造可減少水中阻力，有廠商將相同原理運用在競技用泳衣上。例如使用表面有無數溝紋設計的材質，抵銷在身體表面形成的水漩渦。此外，應用在飛機上的技術也正在研究中。在飛機機身的外側加上鯊魚般的鋸齒狀溝紋，可以減少空氣阻力，也能節省飛行時耗費的燃料。

還有其他方式可以減少阻力！

鮪魚也是可以高速游泳的魚類，祕密同樣在表皮上。

鮪魚的表皮覆蓋著一層柔軟黏膜，身體表面溼黏可以減少水的摩擦，降低水中阻力，加快游泳速度。

也有廠商利用這一項原理開發出特殊的船底塗料，據說使用這款塗料就能減少水中的阻力，加快船隻前進的速度，還能發揮省油效果。

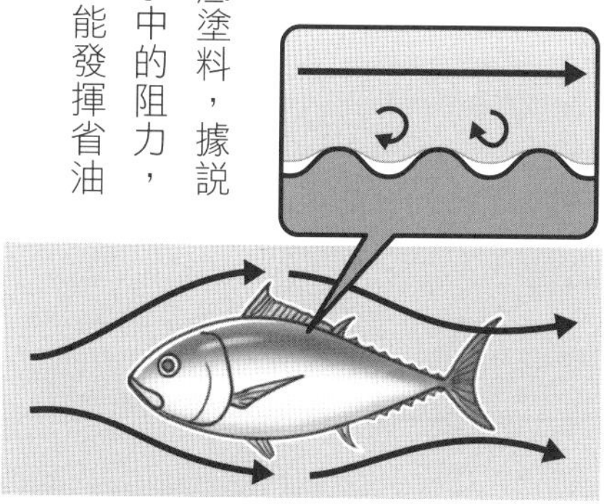

▲黏液可降低水中阻力。

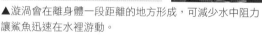

蛋殼是靈感來源！燈泡形狀的祕密

蛋殼是用來保護裡面即將孵化的小雞，有趣的是，當小雞完成發育後，卻能輕鬆從內部破殼而出。這一節就讓我們一起來探索，不易破裂卻容易啄開的蛋殼的祕密吧！

蛋其實不容易破

各位做過蛋料理嗎？將蛋殼較平的那一面朝下，在平台上敲一下就會裂開，但如果敲的時候不夠用力，蛋殼是不會破的唷！一般人都以為蛋很容易破，其實蛋殼可以承受極大外力，不容易破裂。

以雞蛋為例，蛋殼厚度只有零點三毫米，重達一點七公斤的母雞坐上去也不會破。強度最高的是蛋殼兩端尖尖的部分。超市賣的盒裝蛋都是垂直擺放，就是因為這麼放最不容易破。

為什麼蛋殼那麼薄卻不容易破？

不破的理由在於「貝殼構造」

橢圓形的蛋屬於「貝殼構造」，這個形狀可以承受很強的外部力量。貝殼構造可將外力分散至整體，減少單一部位承受的壓力。蛋殼兩端尖尖的部分彎度很大，很容易分散力道，是最不容易破裂的部分。各位不妨試試看，以手掌夾住蛋的上下兩端，再用力擠壓※，你就會發現真的很難壓破。

此外，堅硬的蛋殼內側還有一層柔軟的薄膜，讓蛋不容易破裂。當蛋被擠壓導致外殼碎裂，內部的柔軟薄膜也能和緩衝擊力道，避免整顆蛋破掉。

※請戴上手套，避免受傷。

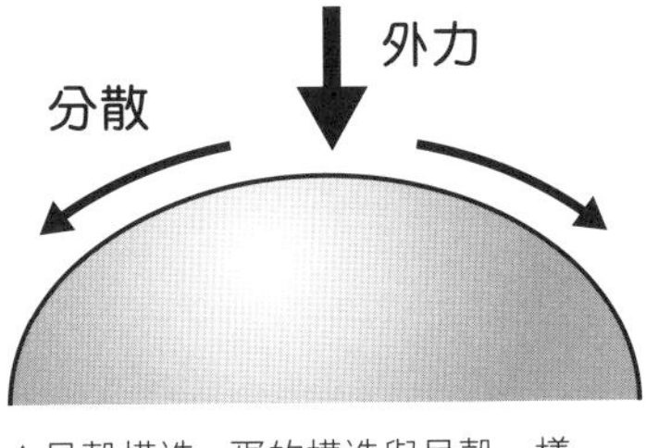

▲貝殼構造，蛋的構造與貝殼一樣。

燈泡也很堅固且不易碎裂

受到蛋的外形啟發的發明物包括了燈泡。燈泡也採用貝殼構造，可以承受強大外力，不易破掉。

燈泡內部有一個細針狀燈絲，被蛋形玻璃包住。燈絲一通電就發光，但如果有空氣，電和空氣中的氧氣產生反應就會燃燒。為了避免這個問題，在蓋上玻璃罩之後，就會抽出裡面的空氣。

抽出玻璃內部的空氣後，玻璃將承受燈泡外側的空氣（大氣）擠壓（大氣壓力產生作用）。有鑑於此，將玻璃做成蛋形，讓外力分散至整顆燈泡，以減輕力道，就不容易碎裂。

除此之外，貝殼構造也應用在飛機機身、東京巨蛋等建築物的屋頂。

大氣壓力

▲燈泡的內側沒有空氣※，外部則承受大氣壓力。貝殼構造可以避免燈泡破掉。

※有些燈泡抽出空氣後，會打入少量稀有氣體。

利用從內側容易破裂的特性

貝殼構造能夠承受強大外力，卻無法承受內部壓力，從內部隨便一敲就破。此外，蛋殼內部凹凸不平，很容易裂開。這就是小雞可以輕鬆啄破蛋殼的原因。

從外側不易碎裂，從內側可輕易敲破的特性，對於開發汽車擋風玻璃有很大的助益。發生車禍的時候，擋風玻璃可以保護車內人員；被困在車子裡的時候，車內的人可以輕鬆敲破擋風玻璃，順利逃生。

除了貝殼構造有巧思之外，拱形構造也有助於分散力道，可將外力均勻分散至整體，與貝殼構造一樣堅固，最常應用在橋梁和建築物。

當內側較堅固……
擋風玻璃不會破，車內人員無法逃出車外！
當內側較脆弱……
擋風玻璃碎裂，車內人員容易逃出車外！

▲擋風玻璃的應用範例

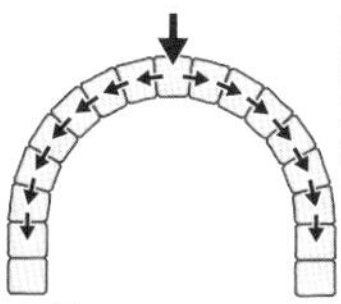
力道分散

▲拱形

探索！

各種生物的能力簡介！

還有許許多多具備各種令人驚歎能力的生物，各位聽過以下生物嗎？

蟬形齒指蝦蛄
影像提供／ Photolibrary

◀蟬形齒指蝦蛄的特徵就是出拳迅速，威力之大甚至可以敲破厚玻璃水槽。
更神奇的是，牠不會打傷自己的身體，因此人類正在研究牠可以同時擁有破壞力與防禦力的生理構造。

羱羊

大豕草
DANGER
Area Closed
DO NOT ENTE

▲不小心碰到樹汁就會灼傷，是一種具有強烈毒性的植物。由於它的毒性太強，生長區域會放置危險（DANGER）標示，同時禁止人員進入。

▲羱羊是自然界最厲害的攀岩高手，可自由行走於接近垂直的斷崖。腳蹄內側有柔軟的肉球，可抓緊地面，在斜坡上也不會滑落。

◀在斷崖上行走的羱羊群。

雙嵴冠蜥

▲雙嵴冠蜥的身體呈亮綠色，後腳有一隻有褶痕的長腳趾，只要利用這隻腳趾，就能以秒速一公尺的速度在水面上奔跑。

光蘚
影像提供／ PIXTA

▲生長在陰暗處，反射微弱光線，在地面閃耀夢幻感十足的黃綠色光芒。一般認為其細胞內部擁有一種類似透鏡的特殊構造，可聚集光線。

華麗琴鳥
影像提供／ PIXTA

▲無論是相機快門聲或任何聲音，只要是牠聽到的聲音就能完美複製。如果是受歡迎的雄鳥，可以模仿 90 種以上的聲音。

變色龍茶

※抓住
ぐい
※拳打腳踢
ポカポカ
ポカポカ
我老是被他們欺負，哆啦A夢，拜託你……
你想要讓你打架能變強的道具嗎？
並不是。
我想要能夠迅速逃走的道具。
「變色龍茶」。

生物超能模擬器Q&A

Q 為了洗淨汙垢，滾筒式洗衣機的蓋子參考什麼植物設計而成？

A 向日葵。參考了向日葵種子的排列方式，可發揮洗衣板的作用，充分清除髒汙。

你知道變色龍吧？
牠能配合周圍環境的顏色，
改變身體顏色。
喝下這杯茶，再將身體貼近某個物體後，不只顏色會改變……
比方說，貼著木頭，身體就會變成木頭。貼著石頭就會變成石頭。
雖然只有十五分鐘。
那還真是有趣。
大雄，去幫媽媽買菜。
真是討厭。
哎呀，他不在嗎？
那就拜託你囉，哆啦A夢。
咦!?

大雄，你好卑鄙！
一瞬間就變成牆壁的顏色了。
還不只是顏色呢，是真的牆壁。
コン
コン
※匡匡
過十五分鐘了。
這樣就安心了。

生物超能模擬器Q&A

Q 為了自保，生物會利用身體顏色對外警示「我有毒」。這是真的嗎？

A 真的。胡蜂的身體顏色為黃黑相間，就是要向敵人提出警示。這兩種顏色也常用在平交道和工程招牌上。

靠近郵筒會怎麼樣呢？
全身都變紅了。
來了！
？
你在幹什麼啊？
沒經過十五分鐘就沒辦法變換顏色嗎!?
回復了。
咦？
他消失到哪去了？
哈啾！
他就躲在這附近吧。

生物超能模擬器Q&A

Q 松黑木吉丁蟲的視力很好，可以感應到數十公里遠的森林火災。這是真的嗎？

A

假的。松黑木吉丁蟲確實可以感應到遠處的森林火災，但那是因為其複眼後方有高感應度的紅外線感應組織。

你跑不掉了。
覺悟吧。
※匡、匡
呀啊——好痛啊！
我根本不會痛呢。
對喔，因為我的身體變成混凝土了。
ゴチン
ゴチン
※撞、撞
拜託你饒了我們吧！

衣服顏色會像變色龍產生不同變化！

受到變色龍改變身體顏色的生理機制啟發，人類持續構思可以改變顏色或變透明的材質。

變幻無窮的變色龍

說到變色龍，一般人的印象是牠會配合周遭環境改變身體顏色，讓自己隱藏在環境裡，可說是捉迷藏高手。事實上，有時牠反而會刻意展現鮮豔顏色。

與敵人對戰時變紅色，在雌性面前也會凸顯繽紛色彩，專家認為變色龍的心情完全表現在顏色上。

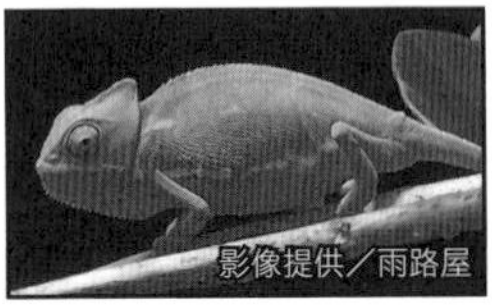
影像提供／雨路屋
▲變色龍

變色龍可以個別操控顏色熱度

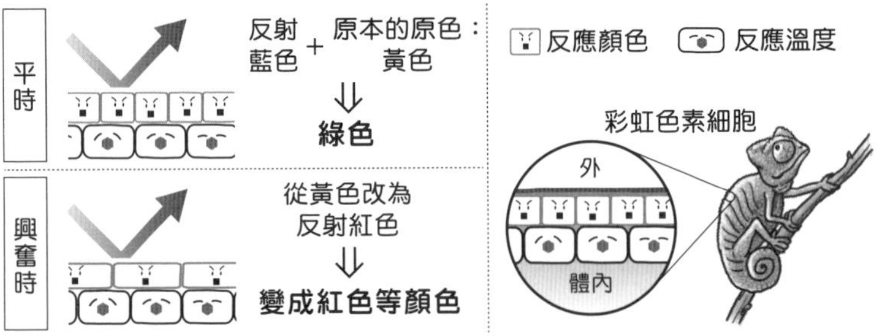
平時
反射藍色
+
原本的原色：黃色
⇓
綠色
興奮時
從黃色改為反射紅色
⇓
變成紅色等顏色
反應顏色
反應溫度
彩虹色素細胞
外
體內
▲變色龍的變色機制。

變色龍的皮膚有兩層構造，由內含微小結晶的「彩虹色素細胞」排列而成。第一層反射人眼可以看見的光線（可見光），負責變換顏色；第二層則是反射人類看不見的熱光（近紅外線），發揮調節體溫的作用。其他爬蟲類也有兩層肌膚，但只有變色龍的第一層肌膚可以改變顏色。此外，公變色龍的第一層肌膚比母變色龍發達，這是方便公變色龍求偶時可以改變顏色，吸引母變色龍的注意。

第一層細胞平時緊密排列並反射藍光，加上牠天生的黃膚色，看起來就會變成綠色。當牠與敵人對戰情緒高漲時，第一層細胞就會延展，使結晶之間產生空隙，反射的光從黃色變成紅色。

變色龍的第二層細胞與第一層細胞的伸縮狀態無關，配合周遭溫度，調節近紅外線的反射量，避免體溫過度變化。

七彩變化的材質!?

有廠商參考變色龍變換體色的生體機制，發明出不易悶熱的深色材質，還可利用光與熱的作用變色，讓人類的生活更加方便。

變色龍圍巾：由好幾層纖維組成的圍巾，每一層都會因為光線、溫度和紫外線改變顏色。

變色龍肌膚：是一種宛如變色龍皮膚細胞的材質，由內含顆粒的水滴形成覆蓋層，接觸光線與熱氣時就能改變水滴大小，進而形成顏色的改變。

▲變色龍圍巾

「隱形斗篷」再也不是夢？

有一部電影是以透明人為題材，人類自古就在想如何才能隱形，但很難實現這個夢想。不過，現在已經有人向變色龍學習，利用光的作用讓想要隱藏的事物變成透明，研發出「光學迷彩」。

目前研發出來的光學迷彩有很多種，其中之一是外側平坦，內側有許多小山的墊子。當光線照到這塊墊子就會轉彎，讓人看到墊子後方的景色，卻看不見墊子裡面的東西。這個原理就跟我們在倒入水的玻璃杯下放一枚硬幣，就會看不見硬幣一樣。

除了可見光之外，這塊光學迷彩的墊子也會折射紅外線與紫外線，因此不只能騙過人類雙眼，就連夜視鏡等特殊鏡頭也不例外。

相信在不久的將來，我們就會能看到披上就變透明的祕密道具「隱形斗篷」問世。

夜行性動物的智慧！蛾眼構造

各位應該常見到晚上在街燈旁飛來飛去的蛾，蛾的眼睛構造讓牠在暗夜裡也能清楚看見四周狀況。事實上，蛾眼構造已經運用在我們的生活周遭了。

蛾眼在暗夜也能清楚看見四周

蛾通常在夜晚活動，即使是在只有月光的環境，也能清楚看見四周。祕密就在蛾眼構造。

蛾眼和其他昆蟲一樣，由幾千個小眼（個眼）集合而成，稱為複眼。如果放大蛾的複眼，就會發現眼睛表面有十分細微的凹凸狀（請參照下圖）。這個細微的凹凸結構，英文稱為「Moth-eye」，也就是「蛾眼構造」。

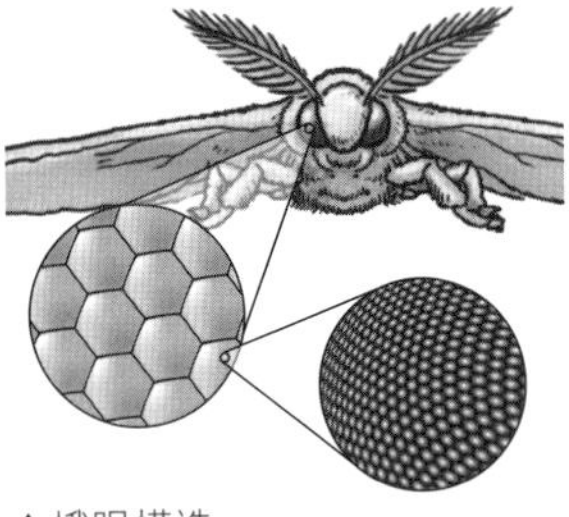
▲蛾眼構造

蛾眼構造可以捕捉微弱光線

在一般情形下，照射到物體的光線會有一部分被反射，剩下的則會折射，進入物體裡面。如果蛾眼表面很光滑，光線反射導致進入眼睛的量變少，在暗處就看不清楚。不僅如此，當反射的光線量較多，蛾眼就會反光，反而容易被敵人發現。

蛾眼構造不會反射光線，而是進入凹凸結構，被眼睛吸收。這個生理機制讓微弱光線也能在眼睛作用，使蛾在暗處不但能看得清楚，眼睛也不會反光，不容易被天敵發現。

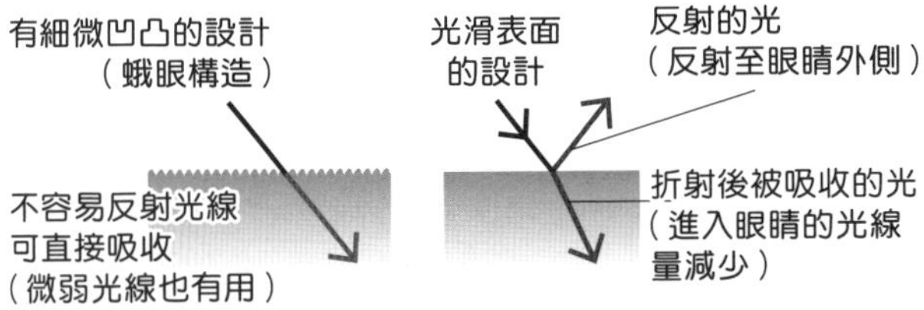
有細微凹凸的設計
（蛾眼構造）
不容易反射光線
可直接吸收
（微弱光線也有用）
光滑表面
的設計
反射的光
（反射至眼睛外側）
折射後被吸收的光
（進入眼睛的光線
量減少）
▲表面凹凸與光滑的差異

此外，放大蟬或蜻蜓翅膀的透明部分，會發現與蛾眼一樣的凹凸結構。照射到翅膀的光不會反射，而是穿透透明翅膀，讓人看見後面的樹木花草。這也是成功避開敵人耳目的完美藏身術。

用途廣泛的蛾眼構造

各位看電視或電腦螢幕時，是否遇過環境光反射，將四周景物投射至螢幕表面，反而看不清楚螢幕顯示的內容？

為了解決這個問題，廠商開發出一種薄膜，在表面使用蛾眼構造，減少光線反射。在物體表面貼上這款薄膜，就能減輕反光導致的視物障礙。

此外，蛾眼構造可依結構差異發揮撥水、防起霧等作用。當物體表面有凹凸結構，滴在表面的小水滴就會散開，容易變乾，因此不易起霧。基於這個原因，有廠商認為蛾眼構造可以應用在防護面罩上，避免因反光、起霧導致視線模糊。

蛾眼構造有助於太陽能發電？

為了解決地球暖化問題，太陽能發電是備受矚目的綠能選項，可惜還有許多課題尚未解決。太陽能的發電原理是陽光照射在太陽能板上，將能量轉換成電力，但太陽能板會反射陽光，無法完全吸收能量，這是需要克服的課題之一。於是有人想到將採用蛾眼構造的薄膜貼在太陽能板上，減少光線反射。

這個方法可以大幅增加發電量，由此可見，蛾眼構造也可以幫助人類解決環境與缺電問題。

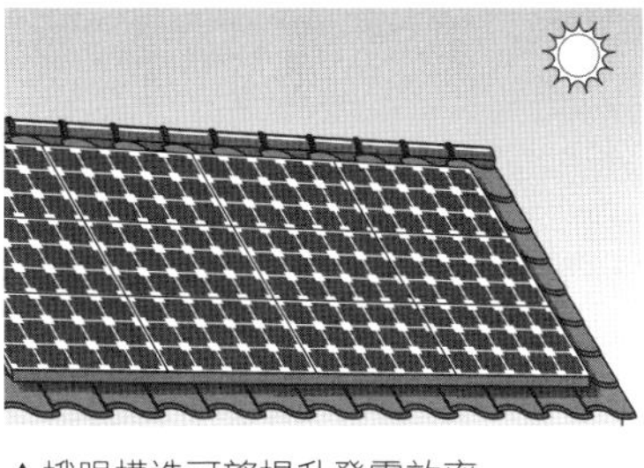

▲蛾眼構造可望提升發電效率。

擁有永恆不變的顏色！閃蝶

閃蝶的翅膀閃耀著亮麗的藍色，事實上，牠的翅膀不是藍色的。人類利用這個不是藍色翅膀看起來卻是藍色的原理，開發出友善環境、永不褪色的產品。

有活寶石美譽的閃蝶

閃蝶棲息在中南美洲亞馬遜河周邊，雄性的閃蝶翅膀看起來偏藍色，被人類譽為「活寶石」。有趣的是，牠的翅膀其實是褐色或透明，根本不是藍色的。為什麼牠的翅膀看起來會是藍色的呢？

藍色翅膀是藍光相長干涉的結果！

蘋果之所以是紅色的，是因為它天生的色素物質吸收了紅色以外的光，導致只有紅色的光反射至人類眼睛的關係。不過，閃蝶的翅膀顏色卻是來自於完全不同的原理，看起來才會是藍色的。

閃蝶與蛾的翅膀表面覆蓋一層細細的鱗粉。當我們用手指捏住蝴蝶的翅膀時，手指沾上的粉末就是鱗粉。鱗粉除了疏水之外，也是形成翅膀圖案的元素。

放大觀察閃蝶翅膀上的鱗粉，會看到許多帶有摺痕的細微凹凸。當光線照射凹凸結構，藍色以外的光就會相消，完全看不見。只有藍色的光會相長

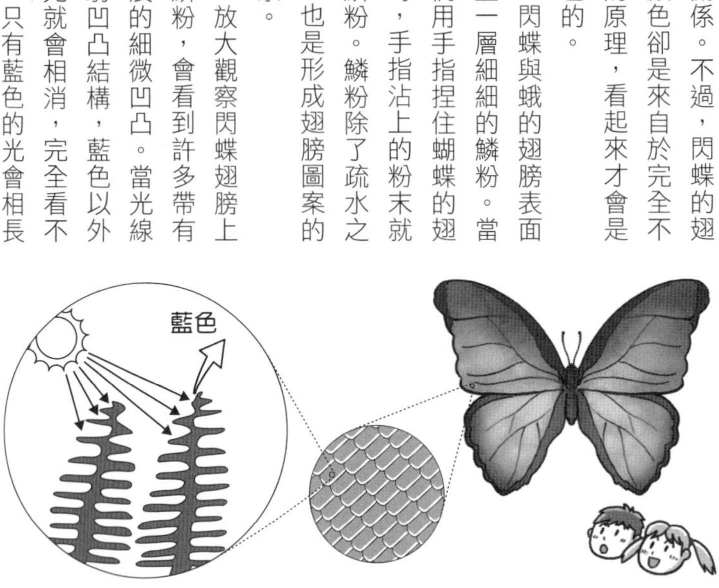

▲閃蝶翅膀偏藍的作用原理。

並且繞射，讓翅膀看起來偏藍。

這類透過光線在細微凹凸上的作用，而非色素呈現出來的顏色稱為「結構色」。CD內側與肥皂泡的彩虹色也是「結構色」。包括閃蝶在內，其他自帶結構色的動物還有吉丁蟲、霓虹脂鯉、鴿子、翠鳥等，族繁不及備載。

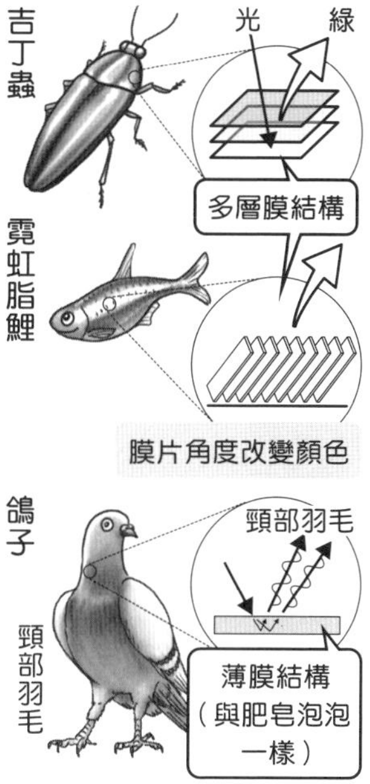

吉丁蟲
光
綠
多層膜結構
霓虹脂鯉
膜片角度改變顏色
鴿子
頸部羽毛
頸部羽毛
薄膜結構
（與肥皂泡泡一樣）

▲自帶結構色的動物。

如果日常用品也使用結構色的話！

如果採用結構色原理，就不需要使用染料或塗料上色，可說是相當環保。更棒的是，衣物不會因為清洗或晒太陽而褪色，可以做出色調永遠鮮豔的產品。

此外，陽光照射的方式會影響反射的光線色調，若能善用這一點，就能做出從不同視角看到不同顏色的產品，令人期待。接著我們來認識實際構思並採用結構色原理的物品吧！

無染色纖維：「Morphotex®」（請參照刊頭彩頁）是一種將幾個光線接觸後的繞射方式（折射率）不同的材質交疊在一起，無須染色即可自然顯色的纖維。常用來製作洋裝、領帶等日常衣物。

耗電量極低的彩色螢幕：在膠狀物質中重疊多個薄膜，藉此展現顏色或顯示影像的彩色螢幕，也是目前正在構思，如何應用結構色原理的產品。

一般螢幕是將背光照在濾鏡上顯示影像，但這款螢幕利用環境光源，周遭很亮的時候就用周遭光源，周遭很暗的時候就用背光，即使太陽下山也能清楚顯示影像，耗費的電力相當少。

不上色的圖畫：無須上色，利用金屬微粒與縫隙呈現色彩，還能重現繪畫作品。有了這項技術，包括顏料在內的塗料就不會褪色，長久維持鮮豔色調。

綜合上述內容，結構色還有許多可能性，各位也一起思考看看吧！

驅人儀

我明天要去箱毛山。
哇！好好喔～
不是我要潑你冷水，
你還是別去比較好喔！
咦？
上個星期日我們去箱毛山結果超慘的。
人山人海擠死人了。
不但路上塞車，電車擁擠，連纜車都大排長龍，想休息卻連坐的地方都沒有。
不去了！
明天在家休息吧！
什麼？

生物超能模擬器Q&A

Q

沙丁魚群不會互撞也不會分散，是因為牠們會聽周遭的聲音。這是真的嗎？

A 假的。海水從魚的身體側邊小洞進入，搖晃內側細胞，能確認自己與同伴的距離。該特性可當成汽車自動駕駛技術的參考。

生物超能模擬器Q&A

Q 人類研究什麼生物以發展海底發電技術？①電鰻 ②昆布

※靜悄悄

真的好安靜喔！
除了我們之外沒有別人喔。
提起精神健行去吧！
我要第一個，爬上山頂。
呼……呼……我不行了。
才剛爬不久而已耶。
借我「竹蜻蜓」。
爬山不可以靠道具。
我要把口袋拿下來，藏在這裡。
別這樣啦～～

A ②昆布。名為巨藻的大型昆布將根部牢牢固定在海底，這項技術可以運用在波力發電。

再一小段路就可以坐纜車了。
加油！
纜車搭乘處
有人在嗎？
我們要坐纜車。
所有人都離開箱毛山了！
回家吧！
你在說什麼啊？你以為腳是用來幹嘛的？
走捷徑吧！
我們好像迷路了。
開什麼玩笑啊？

生物超能模擬器Q&A

Q 模仿企鵝與蛇的仿生無人機確實存在。這是真的嗎？

A

真的。仿生無人機可以去人類不能去的地方，不只能協助海底調查與救難，還有許多用途，值得期待。

誰來救救我們啊！
受到驅人儀電波的影響，絕對沒有人會想來這裡的。
※匡啷
哎呀？我撞到什麼東西了？
得趕快將它恢復原狀才行。
ブルーン
※嗡嗡
※人山人海

成年人聽不見？蚊子的合奏曲

每到炎熱夏季，一個不注意就覺得手腳開始癢了起來，相信你也常有這樣的經驗吧？有時候光是聽到嗡嗡聲就覺得癢，你知道那到底是什麼聲音，又代表什麼意義嗎？

蚊子是夏天的大敵

每年夏天，蚊子就會嗡嗡嗡的靠近你。適合蚊子活動的氣溫是攝氏二十五到三十五度之間，台灣與日本的夏季對蚊子來說再舒適不過。對了，剛剛說的嗡嗡聲是蚊子拍動翅膀的聲音。蚊子一秒鐘可以拍動三百五十到六百次翅膀，遠多於其他昆蟲。

如果是用音頻（聲音的高低範圍）來表示蚊子的振翅聲，大約是三百五十到六百赫茲（Hz）。人類說話的聲音大概是三百到兩千赫茲，換句話說，人類可以清楚聽見蚊子的振翅聲。

（1秒鐘拍打翅膀的次數）

蝴蝶	8～10次
蜻蜓	20～30次
蜂蜜	100～200次
蒼蠅	190～250次
蚊子	350～600次

蚊子演奏的情歌

事實上，雄蚊和雌蚊的振翅聲不同。一般狀況下，雌蚊為四百赫茲，雄蚊為六百赫茲。當雄蚊和雌蚊相遇墜入情網，振翅速度就會逐漸加快，聲音越來越高，最後來到一千兩百赫茲左右。簡單來說，蚊子的求偶行為媲美二重奏，可以演奏出最和諧情歌的雄蚊和雌蚊才能交配產卵，可說是熱情洋溢的情歌啊！

以蚊子聲驅蟲？

你知道蚊子聲也能驅蚊嗎？原理很簡單，只要利用雄蚊和雌蚊的不同振翅聲即可。

事實上，無論雄蚊或雌蚊都是吸食花蜜和植物汁液維生。只有產卵前的雌蚊才會吸人血，因為懷孕的雌蚊需要吸食人血補充營養。

進一步來說，雌蚊懷孕後代表再也不需要交配，因此在產卵之前都會想辦法避開雄蚊。如果牠在此時聽見求偶中的雄蚊振翅聲，一定會敬而遠之。

目前已經有不少廠商利用雄蚊振翅聲開發出各種驅蚊製品，包括桌上型、手錶型，還有手機應用程式。

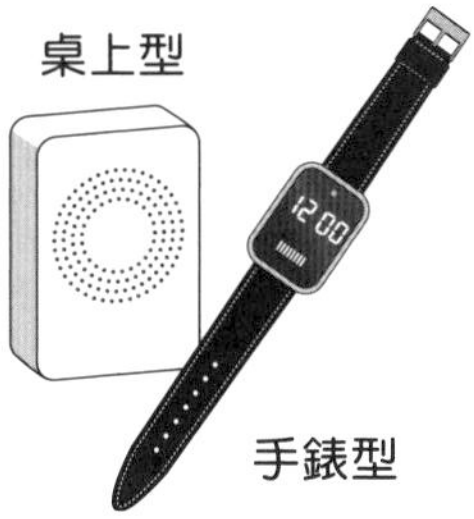

▲驅蚊製品

小知識

利用香草植物驅蟲？

蚊子是靠人類呼出的二氧化碳尋找人血。天竺葵之類的香草植物散發的味道可以麻痺蚊子的知覺，在身邊擺放這類香草植物就能發揮驅蟲效果。

與蚊子振翅聲相近的聲音也有助於維護治安！

各位有聽過蚊音（mosquito tone）嗎？蚊音來自「蚊子振翅時發出的令人討厭的聲音」，雖然與蚊子實際的振翅聲不同，但很接近蚊子振翅聲，是令人感到頭痛且不舒服的聲音。

不過，只有兒童和青少年聽得見蚊音，成年人大都聽不見。這項特性讓它成為治安利器，有些店家或機構會在門前設置喇叭播放蚊音，讓那些三五成群阻礙他人通行，深夜在路上閒晃的青少年坐立不安、無法久待，維持社會安寧。話說回來，為什麼成年人聽不見蚊音呢？

兒童聽得見二十到兩萬赫茲的聲音，但隨著年齡增長，慢慢的就會聽不見高頻聲，長大後只能聽到二十到一萬七千赫茲的聲音。蚊音大約是一萬七千赫茲的高頻聲，因此大部分的成年人都聽不見。

看不見也沒關係！利用超音波就能暢行無阻

蝙蝠利用超音波獲取情報，人類應用這項「回聲定位」技術開發出許多商品。

超音波是什麼？

超音波是一種聲音，雖然我們看不見聲音，但事實上聲音是波。聲音發出之後會使周遭的空氣產生細微振動，以波的型態在空氣中傳播。當波傳入我們的耳中使鼓膜振動，人類就會聽到聲音。波在一秒鐘振動幾次的頻率稱為周波數，周波數的單位是赫茲（Hz）。周波數較多的稱為高音，周波數較低稱為低音。

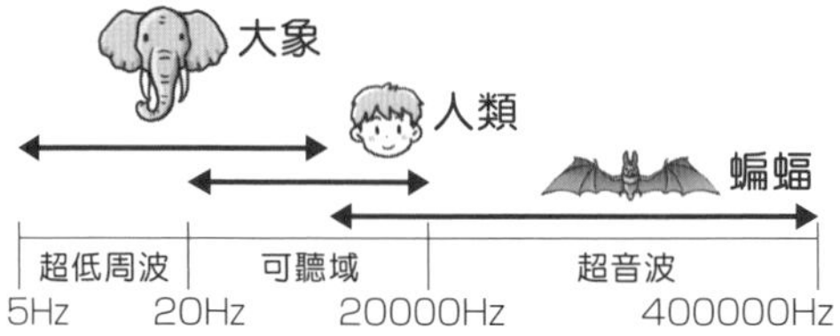
大象
人類
蝙蝠
超低周波
可聽域
超音波
5Hz
20Hz
20000Hz
400000Hz

▲人的可聽域與超音波、超低周波。

如下圖所示，各種生物可以聽見的音域範圍不盡相同。人類聽得見的音域範圍為二十到兩萬赫茲，稱為可聽域。超音波是高於人類可聽域的音，聽得見超音波的海豚，可聽域最高為十五萬赫茲。蝙蝠的可聽域更高，最高可達四十萬赫茲左右。相反的，大象可以聽到比人類可聽域更低的低音（超低周波），最低到五赫茲。

聲音還有一項特性，那就是直向前進，碰到物體會反彈回來，有些動物天生懂得利用這項特性。

利用超音波的各種生物

大多數蝙蝠都是夜行性動物，牠們在漆黑的夜裡完全看不見周遭，卻能自在飛行，不會撞到障礙物，關鍵在於牠們使用超音波定位。從嘴巴發出超音波，碰到物體後反彈回來，蝙蝠從反彈回來的超音波確認夥伴與建築物位置，還能掌握獵物所在的方向和距離。這項特性稱為「回

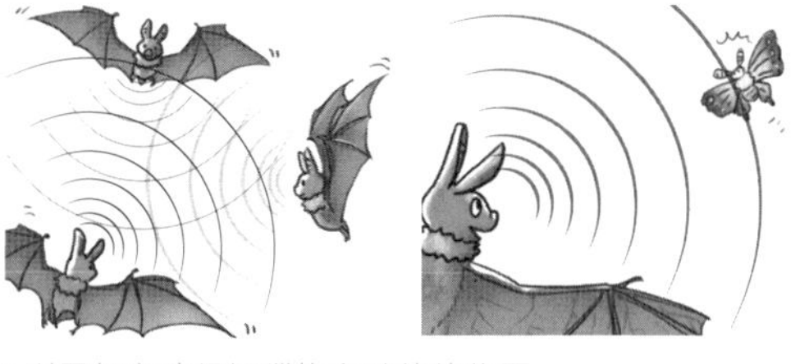

▲利用超音波得知獵物和夥伴的位置。

聲定位」。當夥伴在附近，為了掌握接收到的超音波是由誰發出的，每隻蝙蝠都會發出周波數略有不同的超音波。

海豚也利用回聲定位探知獵物（魚）的方向與距離，從額頭的「額隆」發出超音波後，再利用下顎骨接收反彈回來的超音波。可以掌握超過一百公里遠的物體形狀和大小，甚至連材質也能一清二楚。

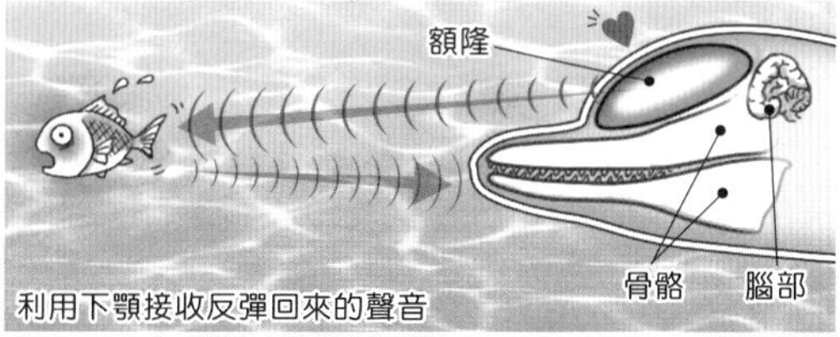

▲海豚發出超音波的生理機制。

這些領域也採用超音波技術！

以下就是採用超音波技術的產品。

掃地機器人：掃地機器人安裝了超音波感應器，避免撞到牆壁與家具，還能發現紅外線感應器偵測不到的透明與黑色物體。

▲掃地機器人

魚探機：是可以從船底往海裡發出超音波、尋找魚群的機器。過去只對超過一公尺的魚有用，可以掌握魚的大小和形狀，但現在只要模仿海豚增加發出超音波的次數，連八公分左右的小魚也能清楚辨識。知道魚群在哪裡之後，就能用網子捕捉成年魚群，避免魚群數量銳減。

智慧電子白手杖：白手杖是視障人士用來確認前方是否有障礙物的行動輔具，智慧電子白手杖是加裝超音波感應器的新產品。使用時手杖會發出超音波，若前方有障礙物，把手就會振動提醒使用者。有了超音波感應器，視障人士可以在手杖碰到前就知道前方有障礙物，不只是腳邊，就連臉部和身體前方有障礙物也能完全掌握。

期待今後也能將超音波技術應用在汽車的自動駕駛等更多領域。

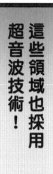

幫忙蜂

真是的，弄得全身髒兮兮的。
玩棒球多少都會弄髒啊！
替洗衣服的人想想好不好？
對了。
等一下去幫我買點東西回來。
我寫清單給你，等等……
我跟靜香約好了。
今天棒球會打輸，大雄要負責!!
揍他一頓！

※啪嚓
又弄髒了!!
好可怕……
你給我聽好，要是再弄髒衣服……
我就把你脫光光，丟到馬路上。
我知道了。
現在馬上去幫我買東西回來。
我馬上去。
回來之後，幫院子裡的樹澆水。
順便把空箱搬到垃圾場去……
呃，那個很重耶。
我搬就是了!!

生物超能模擬器Q&A

Q 昆蟲叫聲可以減輕壓力。這是真的嗎？

A 真的。目前已實際用來治療疾病，效果不錯。

我來幫他吧！
「幫忙蜂」。
※嗡嗡嗡、打開
カチ
ブゥン
碰到困難時，這隻蜜蜂就會幫忙解決。
※嗡嗡
哇呀，好大的蜜蜂！
ブゥン
※唰
バシャ
洗衣店
ズボン300円
啊，抱歉。
不小心潑到你了。
我馬上幫你把衣服弄乾淨，先洗個澡吧！
偏偏在緊急時還遇到這種事……
如果我不快點買完東西、幫庭院的樹澆水，再把空箱丟掉的話，一定會被媽媽罵慘的啦～

生物超能模擬器Q&A

Q 山葵具有抗菌效果。這是真的嗎？

A

真的。市面上已經推出用來分隔食物的山葵片。山葵可以減輕花粉症，還能促進血液循環。

又來了!!
※砰咚
ドタ
ドタ
有了!!
用水把牠趕跑!
怕了吧?
看我的厲害!
不行啦!我們蓋著箱子逃走好了。

生物超能模擬器Q&A

Q 蟬形齒指蝦蛄出拳時高達時速八十公里的爆發力應用在飛機引擎上。這是真的嗎？

A 假的。不過，牠的身體結構既輕盈又堅固，即使受到攻擊也不會碎裂，專家正思考能否將這項結構運用在飛機的外機身。

牠又追過來了啦！
真難纏耶！
垃圾場
總算不見了……
衣服是弄乾淨了沒錯，可是……
不敢回家了。
別擔心。
你真是聽話的乖孩子。
給你零用錢吧！
？

拜託蜜蜂找出爆裂物？

我們經常可以在公園花壇或山上發現蜜蜂的身影，看著牠們採集花蜜，悠閒度日。事實上，蜜蜂擁有許多驚人的能力。

蜜蜂是什麼樣的生物？

提到蜜蜂，我們都會聯想到辛勤採蜜的工蜂，其實所有工蜂都是雌蜂。蜂巢裡有三種蜜蜂，各司其職。

女王蜂：一個巢裡只有一隻體型最大的雌蜂，也就是女王蜂。職責為產卵，繁衍後代。

雄蜂：於春天出生，和女王蜂交配。在巢裡無所事事，交配結束後就會死亡。

工蜂：除了產卵以外，包攬所有工作的雌蜂就是工蜂，要做的工作包括打掃蜂窩、育兒、防衛、採蜜等。

▲蜜蜂

蜜蜂的情報收集能力

採集花蜜的蜜蜂其實視力不太好，以人類來比喻，蜜蜂都是近視眼。不過，蜜蜂分辨顏色的能力和人類差不多。牠們區分形狀的能力也很高，比起圓圈或方塊這類簡單圖形，蜜蜂更偏好花朵輪廓這類複雜的形狀。

蜜蜂是利用遍布於觸角、腳部前端與口吻（從口部伸出近似吸管的器官）的感應器收集資訊，可以感受觸覺、嗅覺、味道、聲音、溫

▲蜜蜂的視力很差。

▲利用口吻、觸角和腳部前端收集情報。

度、溼度等，以人類來比喻，就是發揮皮膚、鼻子、舌頭、耳朵的作用。

不僅如此，蜜蜂也有超強記憶力和學習能力，牠們很擅長記住遇過的花朵味道、到過的地方以及花開的時間。專家發現牠們還會在蜂窩裡跳「八字舞」，告訴巢裡的同伴自己記得的地方在哪裡，真的好聰明啊！

利用蜜蜂找出炸彈？

蜜蜂敏銳的感覺與超高的學習能力，可以用來尋找炸彈。提到尋找炸彈，大家最熟悉的方法就是讓嗅覺靈敏的狗聞出炸彈位置。

不過，蜜蜂口吻的感覺更為敏銳。於是有人在想是否可以利用蜜蜂的能力，透過訓練成為人類的助手。例如先讓蜜蜂聞炸彈或毒品的味道，如果產生反應就給糖水鼓勵。

透過不斷的訓練，等蜜蜂記住味道之後，就以幾隻蜜蜂為一組，放入箱子裡，在機場或路邊待命，遇到可疑對象就讓蜜蜂感應。如果感應對象有炸藥或毒品的味道，蜜蜂就會伸出口吻，人類可以觀察蜜蜂的行為，判斷是否需要進一步檢查。

更棒的是，蜜蜂也能發現埋藏在地底的地雷。

如果不知道地雷埋在哪裡，讓人漫無目的的尋找是一件很危險的事情，成效也不高。為了解決這個問題，先派出身體輕盈、在天空飛的蜜蜂，透過味道尋找地雷。找到地雷之後就遠距爆破，保護人類的性命安全。

蜜蜂在花朵之間飛來飛去，協助草莓等植物授粉（將花粉傳到雌蕊），採集到的花蜜成為人類或熊等其他動物的食物，如今又能找到炸彈，蜜蜂可說是人類與其他動物生活上值得信賴的好夥伴。話說回來，蜜蜂最想要的可能只是採集美味花蜜，過著和平安詳的日子。

六角形更堅固！蜂巢結構

蜂巢是由多個六角形巢穴組合而成，這樣的構造稱為「蜂巢結構」。大家的日常生活中，隨處可見這種既輕盈又堅固的結構哦！

自然界有許多六角形！

蜂巢、昆蟲的複眼、龜殼……等等，各位知道以上的共通點是什麼嗎？

那就是它們全是由六角形組合而成。不僅如此，如果放大鳥翼蝶的鱗粉，也會看到相同結構。

這類結構稱為「蜂巢結構」，源自於蜂巢的構造。為什麼自然界會有許多的蜂巢結構呢？

蜂巢結構最厲害的是這一點！

蜂巢結構最大的強項就是輕盈又堅固。各位不妨想像在桌子上排列相同形狀的情景就能理解。

首先，在桌面排列圓形會產生空隙。事實上，在桌面排列相同形狀可以毫無縫隙的正多邊形，只有正三角形、正方形與正六角形。此外，比較邊長相同的正三角形、正方形與正六角形，面積最大的是正六角形。換句話說，若要圍出相同面積，正六角形使用的材料最少，當然也就最輕。

不僅如此，立體的六角柱很堅固，可充分吸收衝擊力道，也是其

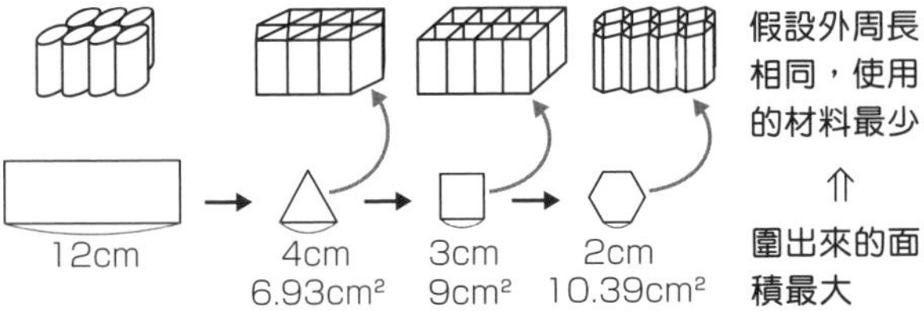
12cm
4cm
$6.93cm^2$
3cm
$9cm^2$
2cm
$10.39cm^2$
假設外周長相同，使用的材料最少
⇑
圍出來的面積最大

▲形狀與面積的比較。

特色所在。承受力道時，唯一可將衝擊力分散至整體，減少壓力的是圓柱體，但圓柱體的空間的耗損最多。正三角柱、正四角柱、正六角柱承受外力時，面最多的正六角柱可以吸收最多的衝擊力道。試著排列幾個用紙做的正六角柱，再放上一片板子，人就能站在上面，真的很堅固。

這些製品也有蜂巢結構

雞舍的鐵網、足球門網都能看到蜂巢結構。網球拍骨架使用輕盈堅固的碳纖維，雖然肉眼看不見，但也採用了蜂巢結構。

此外，中間排列正六角柱，並且在上下放置板子的「蜂窩夾層結構（honeycomb sandwich structure）」更加堅固，目前已經應用在航空器、新幹線和人造衛星上。加上中間幾乎都是空氣，具有卓越的隔音和隔熱效果，因此也經常應用在牆面、門等建築材料，以及百葉窗等家飾用品。

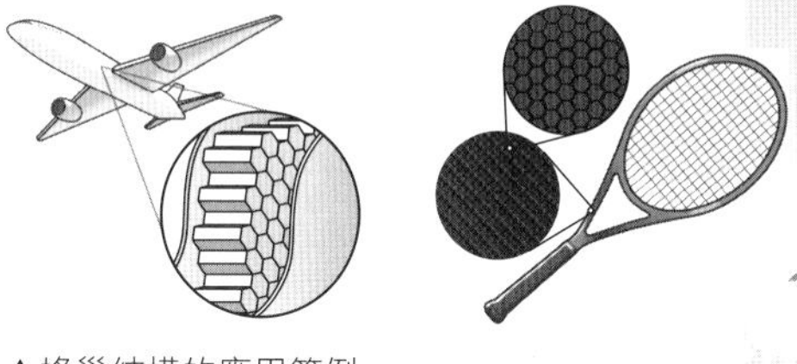
▲蜂巢結構的應用範例。

這些也是蜂巢結構的厲害之處

蜂巢結構可以充分吸收光與熱。鳥翼蝶的鱗粉有一部分採用蜂巢結構，原因在於陽光會在蜂巢結構內重複反射，多次照射內部就能吸收較多的光（熱），藉此溫暖身體。目前已經有人嘗試將這個機制應用在提升太陽能發電的發電效果。太陽能板如果吸收越多光就能發越多電。因此，若將太陽能板表面做成蜂巢結構，自然可以吸收更多的光。蜂巢結構未來一定可以協助解決環境問題和電力不足等課題。

▲採用蜂巢結構的太陽能板。

九官麥克風

喔，你養了九官鳥啊。
牠會說話嗎？
來我家看吧！
安靜一點，
牠馬上就會說話了。
小夫、小夫，
最優秀、最優秀。
小夫最厲害，小夫是日本第一。
哎呀，被稱讚成那樣，實在是很害羞耶。
明明就是你自己教牠說的吧。

Q 螢火蟲的發光機制可用於食品衛生檢查技術。這是真的嗎？

不行，我們家不能養動物。
我想養九官鳥。
我想教牠幾句話，然後讓牠說出來。
那就用這個。
「九官麥克風」。
無論是什麼動物，都能記住用這個跟牠們說過的話喔。
可是……
家裡沒養狗也沒養貓。
沒養狗也沒養貓。
剛剛是誰在說話？
剛剛是誰在說話？

A 真的。可藉由計算微生物數量的方式大幅縮短衛生檢查的時間。

※沙沙沙
有蟑螂，有蟑螂！
ササササ
有蟑螂，有蟑螂！
呀啊！
就算教蟑螂說話也毫無意義啊。
無論是什麼動物都可以嗎？
你要去哪裡？
去油菜花田。

Q 山藥可以預防流行性感冒。這是真的嗎？

A 真的。山藥的蛋白質成分薯蕷鹼具有抑制病毒感染的效果。

不驚動對方還能偷偷吸血的蚊子口器

被蚊子叮的時候會癢卻不感到痛，這是因為蚊子口器的構造使然。有人注意到了這一點，研發出刺入皮膚也不痛的採血針。

為什麼被蚊子叮不會痛？

當你覺得怎麼癢癢的，低頭一看才發現自己被蚊子叮了。各位是否有過這樣的經驗？蚊子為了供應大量營養給腹中的卵，必須伸出細長口器，刺入動物皮膚吸食血液。

為什麼蚊子叮人不會痛，我們常常也不大有感覺呢？祕密就在蚊子口器的構造與唾液成分。

蚊子的口器看起來像是一根細長的吸管，如果放大觀察，就會發現刺進皮膚的六根口針，和收納口針的口針鞘。若再進一步觀察六根口針，可發現一根用來吸血、外形近似吸管的口針，還有兩根避免血液外漏、當蓋子使用的口針，一根輸送唾液的口針，還有兩根用來切開皮膚的鋸齒狀口針，六根針加起來只有一根毛髮那麼細。

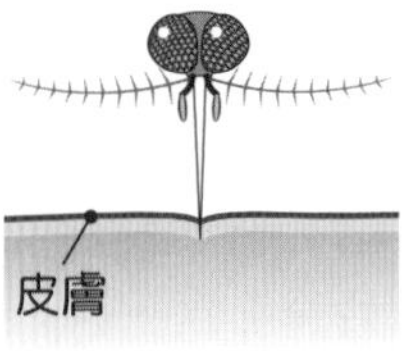
皮膚
▲蚊子口器

針越細越不容易刺到痛點（皮膚中感受痛覺的部分），這就是人被蚊子叮卻不感到痛的原因。雖然太細的針也有折斷的風險，不過蚊子的口針十分柔軟，鋸齒狀的口針也很重要，它可以刺穿皮膚，還能避免皮膚將針彈出來，以利蚊子吸血。

不僅如此，蚊子唾液的成分讓人不易感到疼痛，也能讓吸出來的血不易凝固。蚊子的唾液進入人體之後，在體內產生過敏反應，讓人感到搔癢。

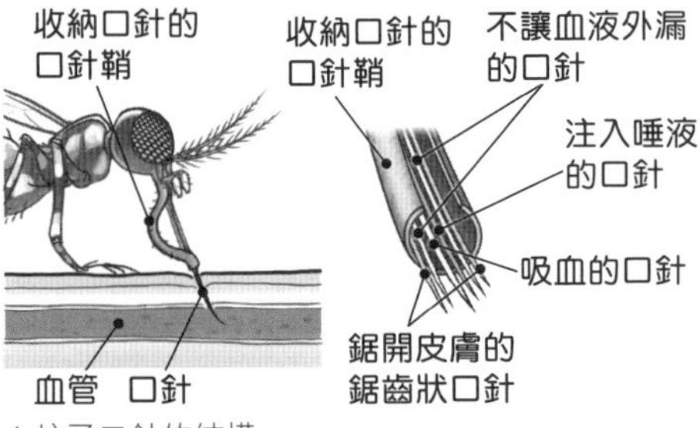
收納口針的口針鞘
血管
口針
收納口針的口針鞘
不讓血液外漏的口針
注入唾液的口針
吸血的口針
鋸開皮膚的鋸齒狀口針
▲蚊子口針的結構

巧妙運用三根口針！

蚊子伸出口針吸血的一連串動作其實隱藏巧思，可以讓被吸血的對象毫無感覺。

蚊子並非一口氣將口針刺入皮膚深處，而是用兩根鋸齒狀口針和類似吸管的口針依序上下移動，鋸開皮膚。蚊子巧妙運用三根口針，慢慢將口針刺進皮膚深處，這樣的方式比只用一根針更省力。

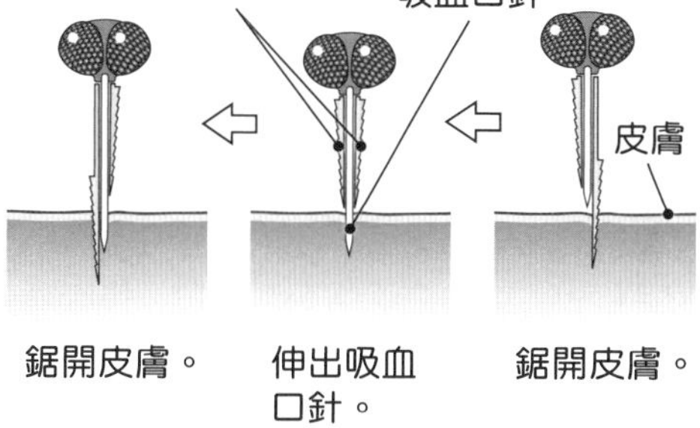
鋸齒狀口針
吸血口針
皮膚
鋸開皮膚。
伸出吸血口針。
鋸開皮膚。
▲蚊子叮人時口針的動作

人類學到了！不通的針

人類模仿蚊子口器的構造，研發出刺進去也不痛的針頭。這款針是在指頭戳出一個小傷口，用來採集少量血液。針頭材質來自天然植物，十分安全，金屬過敏患者也能使用。針頭纖細呈鋸齒狀，不會刺到皮膚痛點。重點是，可以確實刺進皮膚裡。由於針頭很細，可縮小傷口範圍，讓傷口好得更快。

既不痛又能加速傷口癒合，對於那些因為疾病必須每天採血檢查的患者來說，不只能減輕身體負擔，還能舒緩心理壓力。

另一方面，人類也成功開發出無痛注射針，就是模仿蚊子口針的叮咬動作，結合三根細針緩慢上下移動，刺進皮膚後注入藥物。不僅如此，蚊子唾液含有的抗凝血成分，也可望運用在預防血管阻塞的藥物上。可以說，人類從小小蚊子身上學到了好多東西。

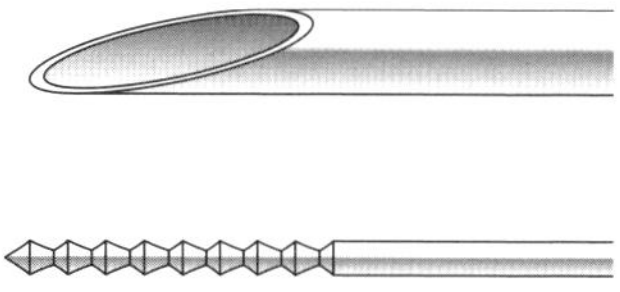
▲一般針頭（上）與模仿蚊子口器的針頭（下）。

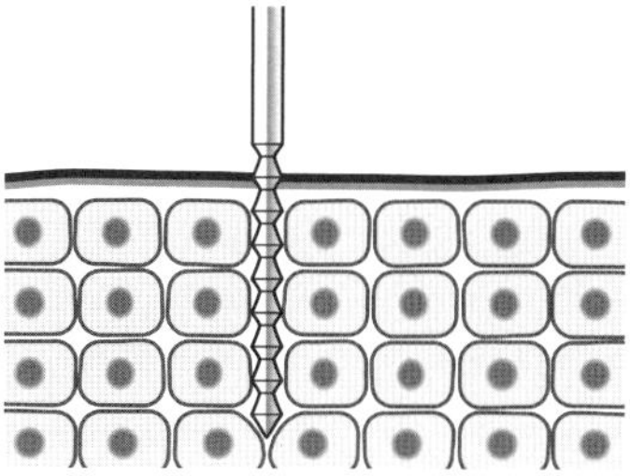
▲使用模仿蚊子口器的針頭，絕對不會碰到痛點。

植物沒有肌肉也能動

含羞草的葉子一旦被碰觸就會立刻合起來，整個往下垂，感覺像是在鞠躬一般，因此日本人稱它為「行禮草」（お辞儀草）。含羞草的生理機制也成為人類模仿運用的對象。

會鞠躬的植物——含羞草

含羞草的葉子一被碰觸就會閉合下垂，看起來就像是在鞠躬一樣。專家認為這個機制是為了避免葉子被昆蟲吃掉，是含羞草特有的保命之道。

當人類鞠躬時需要用到全身肌肉，但含羞草這類植物沒有肌肉，為什麼它們會動呢？

副葉枕
主葉枕
小葉枕
是蚱蜢嗎？趕快把葉子收起來，避免被吃掉！
人類鞠躬的姿勢

▲鞠躬的姿勢

為什麼沒有肌肉卻會動？

葉子根部的「葉枕」內含有水分，是葉子會動的主要原因。

一旦葉子遭受到觸碰，「被觸碰」的訊息便以電子訊號的形式傳至葉枕，此時葉枕內含的水分會往上移動，葉枕上方吸飽水而膨脹，下方則因為水分流失而萎縮，導致葉枕前端部位往下垂。若是刺激較弱（碰觸力道較小），訊息只傳遞到小葉枕，葉子只會合起，不會下垂。

遇到強光照射或強風吹拂，含羞草的葉子也會閉合下垂。強光會使葉子受損，莖部斷裂，這

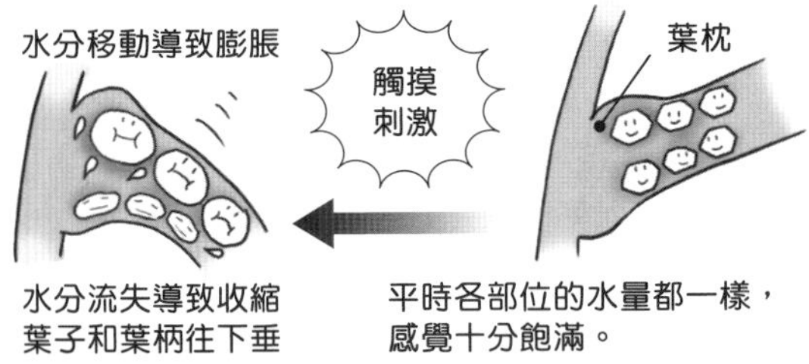
葉枕
平時各部位的水量都一樣，感覺十分飽滿。
觸摸刺激
水分移動導致膨脹
水分流失導致收縮
葉子和葉柄往下垂

▲葉子閉合的機制

是為了保護自己而有的反應。

借鏡含羞草的生理機制研發出利用水彎曲的內視鏡

含羞草靠水的力量彎曲葉柄，目前已經有廠商應用這項生理機制研發出新式內視鏡的樣品。內視鏡是一種醫療器材，在一條細管子前面設置攝影機，從嘴巴或鼻子進入人體，檢查胃部等身體器官的狀況。

受到含羞草啟發的內視鏡在設置攝影機的前端，使用具有伸縮性且容易彎曲的膜，就能靠水的力量使前端彎曲。攝影機還能自由轉動，方便醫生檢查病患狀況。

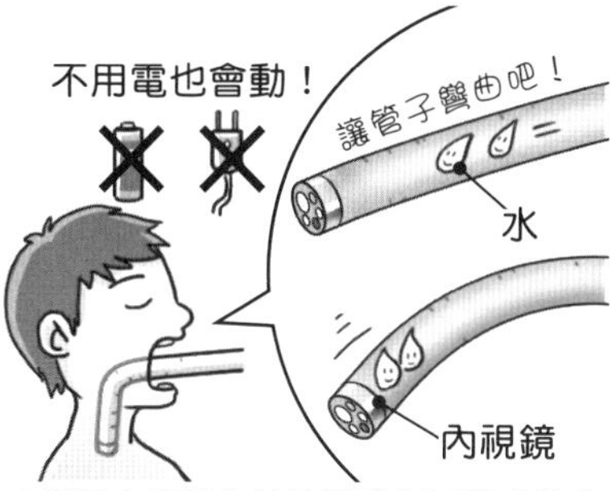
不用電也會動！
讓管子彎曲吧！
水
內視鏡
▲利用含羞草的特性開發出可彎曲的內視鏡。

含羞草不像動物有腦部或神經，卻能讓葉子依序閉合，閉合後還能恢復原狀，完成極為複雜的動作。若能進一步了解含羞草會動的祕密，就能應用在對機械下達命令的機制上，或是製作出無須電力也能使用的裝置。

小知識

還有許多會動的植物

知名的「食蟲動物」捕蠅草也是會動的植物之一。捕蠅草生長在土壤貧瘠的地方，靠捕食昆蟲補充營養。

對折的葉子內側有細毛，當昆蟲碰觸細毛兩次，葉子就會閉合。由於這個緣故，遇到下雨或異物不小心碰到，不會讓葉子閉合。

昆蟲碰觸細毛的時機也很重要，第一次碰觸之後，如果沒有在三十秒之內碰第二次，葉子便不會閉合。換句話說，捕蠅草的葉子被碰觸之後會記住三十秒。

捕蠅草是靠提高葉子內含的化學物質濃度來記憶的。

若能詳細了解碰觸次數的記憶機制，或許也能應用在醫療需求上。

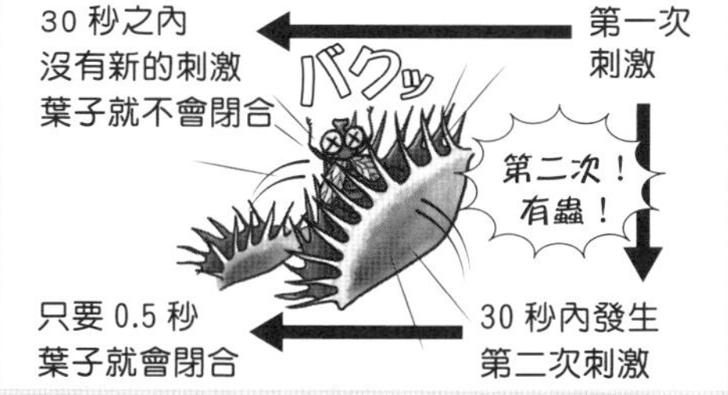
第一次刺激
30 秒之內
沒有新的刺激
葉子就不會閉合
バクッ
第二次！
有蟲！
30 秒內發生
第二次刺激
只要 0.5 秒
葉子就會閉合
※咬住

向啄木鳥學習！吸收衝擊力的方法

啄木鳥一天啄樹幹的次數超過一萬次，牠的頭部構造肯定非常的耐撞擊。有人因此想出各種可以吸收撞擊力道的產品。

每天啄樹幹的次數超過一萬次！

顧名思義，啄木鳥是一種會啄樹木、在樹木上開洞的鳥。啄木鳥不只吃樹洞裡的蟲或樹液，也住在樹洞裡，雄鳥還會利用啄木的聲音吸引雌鳥。有些種類的啄木鳥多的時候一天啄樹幹的次數超過一萬次。令人驚訝的是，啄木鳥啄樹幹的衝擊力道，和人類以時速二十五公里的速度用頭撞牆一樣。騎自行車的速度約為時速十二到十八公里，換句話說，啄木鳥承受的衝擊力道是騎自行車撞到的四倍。

等於
牆壁
相當於以時速 25km 的速度用頭撞牆的衝擊力道

這樣長時間持續啄木頭，都不會頭痛嗎？

如果人類的頭部承受一次與啄木鳥相同的衝擊力道，別說是頭會不會痛，肯定會受重傷。那為什麼啄木鳥一天啄樹幹超過一萬次，承受如此強烈的衝擊力道，頭都不會痛呢？原因有很多，但最大的原因在於啄木鳥的頭部構造。

●**大腦十分密合的收在頭蓋骨裡：**啄木鳥的大腦與頭蓋

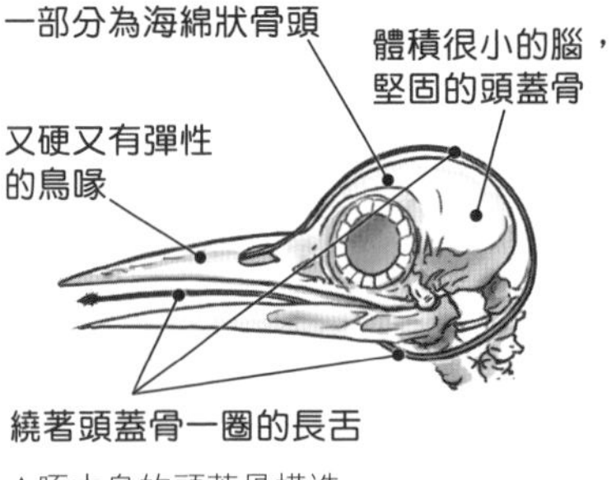
一部分為海綿狀骨頭
體積很小的腦，堅固的頭蓋骨
又硬又有彈性的鳥喙
繞著頭蓋骨一圈的長舌
▲啄木鳥的頭蓋骨構造

骨之間的縫隙相當少，可說是十分密合，因此受到衝擊時大腦不易晃動，也不會受傷。

●**舌頭很長，繞著頭蓋骨一圈：**啄木鳥利用牠的長舌頭捕捉樹木裡的昆蟲，而且長舌還繞著頭蓋骨一圈，像避震器一樣支撐頭部。

●**有海綿狀的骨頭：**鳥喙的根部和頭蓋骨的內側有海綿狀骨頭，可以吸收衝擊力道。

避免頭部撞傷！

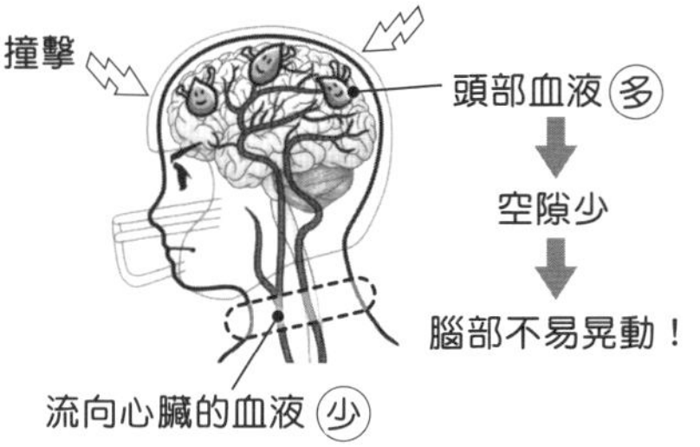
撞擊
頭部血液多
空隙少
腦部不易晃動！
流向心臟的血液少

人類以啄木鳥的頭部構造為靈感，構思出可以避免頭部撞傷的護具。這項護具並非直接保護頭部的安全帽，而是放在頸部，類似頸圈的東西。戴上頸圈後可以稍微壓迫頸部的血管，讓原本應該從頭部往心臟回流的血液變少，使更多血液留在頭蓋骨中。如此一來，大腦與頭蓋骨之間的縫隙就會變少，大腦不易晃動，可以避免腦震盪（大腦晃動導致暫時失去意識的症狀）。

這項護具已經運用在美式足球這類選手們互相撞擊，承受極大撞擊力道的運動項目。

還有許多用品也模仿啄木鳥的生理機制

●**機車安全帽：**模仿啄木鳥在安全帽內側加上海綿，進一步吸收衝擊力道。

●**登山用冰鎬：**模仿啄木鳥的頭部構造，握把處的弧度有助於消弭衝擊力道。

今後若能運用在削岩機和鑽頭上，就能減少操作者的負擔，大幅吸收操作機器時產生的強烈振動與衝擊力道。此外，若能應用在建築物結構上，就能吸收地震震度，避免發生災情。

尋求珍貴的一滴水——在沙漠生活的智者們

沙漠沒有河也沒有池塘，有些在沙漠生活的動物利用自己的身體收集水分。若能運用牠們的生理機制，人類將更容易在沙漠獲取水分。

從霧收集水滴來喝的沐霧甲蟲

位於非洲南部的納米比沙漠是一片面海的沙漠，每天早上都會有霧從海岸附近往內陸移動。這裡有一種昆蟲會從霧氣收集水滴，牠就是沐霧甲蟲。

起霧的時候沐霧甲蟲會朝霧氣流動過來的方向倒立，使霧氣形成水滴，順著身體往下滑入嘴裡。據說沐霧甲蟲喝完水之後，體重可以增加四成。

▲納米比沙漠

▲沐霧甲蟲

利用背部的突起捕捉霧氣

沐霧甲蟲的背部有好幾個大型突起，與小小的凹凸不平的凹槽部分，這是從霧氣收集水的祕密。

沐霧甲蟲背部的突起部分很容易吸附水氣（親水性），霧氣的水分子附著在突起上，逐漸形成大水滴，等水滴大到突起部位已經無法接住，就會往下滴落，經由凹槽部位往嘴巴流動。凹槽部位不易附著水氣（疏水性），能夠順利導引水滴進入嘴裡，絕對不會滴在地上。

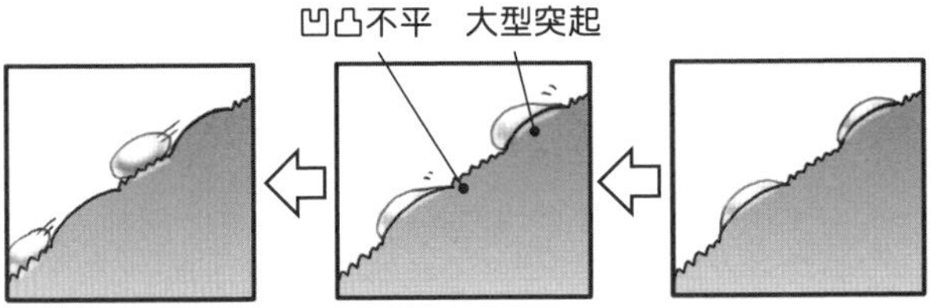

水滴變大就會從背部滑落。

▲利用背部突起收集水的機制。

模仿沐霧甲蟲找出解答 持續研究缺水問題

目前人類正在研究是否能像沐霧甲蟲一樣，在不用電的狀況下從霧氣收集水，以協助嚴重缺水的地方有足夠的水資源。

例如在儲水槽上方架設像羽毛球球拍的網子，當霧氣通過網子就會附著在網子上，逐漸形成大水滴，最後滴落在儲水槽裡。為了提高集水效率，人類也想出使用具有親水性和疏水性的兩種材質架設網子，使細微的霧氣水滴更容易附著在網子上、更容易回收水的方法。因此不斷嘗試更換網子材質，或在網子表面加工，讓網子同時擁有兩種特性。此外，人類也朝實用化的各種角度研究收集霧氣的方案，例如改變網目大小和形狀等。

另一方面，以不鏽鋼做成圓頂狀並加上突起設計的集水系統，也正在努力開發當中。

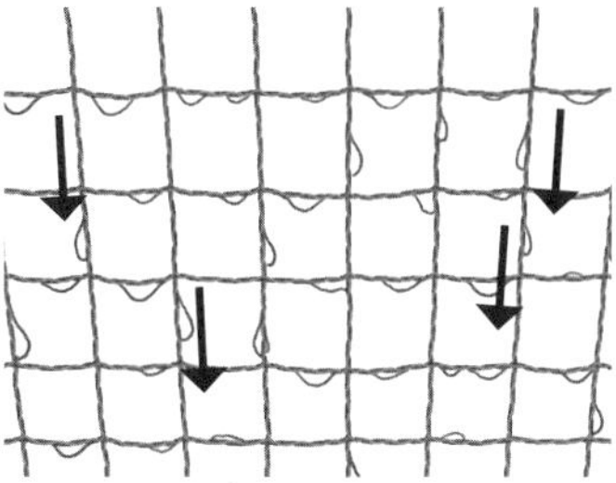
▲利用網子集水的機制。

其他的集水專家

除了沐霧甲蟲之外，還有其他以獨特方法收集水氣的動物哦！

舉例來說，棲息在澳洲沙漠的澳洲魔蜥，全身上下都有棘狀突起。棘的前端與嘴巴以細溝相連，當霧氣接觸到棘就會形成小水滴，水滴流至身上便沿著細溝進入嘴巴。澳洲魔蜥就是利用這個方式集水與喝水。

趾蹼壁虎的身體特徵是擁有大大的雙眼，腳上還有趾蹼。白天牠們會挖洞藏起來，到了晚上才出來活動。晚上形成的露水會沾附在牠的雙眼，牠就用舌頭舔來喝。

無論環境條件有多嚴酷，生物都能找到好好生活的方法。

▲澳洲魔蜥

▲趾蹼壁虎

挖隧道我最拿手！船蛆

船蛆在漂流木和木造船上鑿洞生活，是造成人類不少麻煩的挖洞高手。不過，人類從牠的挖洞方式獲得啟發，想出現行隧道工程的工法。

船蛆是蟲嗎？

船蛆的蛆雖然是「虫」字邊，其實牠並不是昆蟲，與蛤蜊一樣是貝類。船蛆有著蚯蚓般的細長身體，但頭部有個小貝殼。船蛆利用這個小貝殼在大海的漂流木和木頭上挖洞，以木屑為食，在自己挖的洞裡生活。

由於牠會吃木造船，因此也稱牠為「船食蟲」。

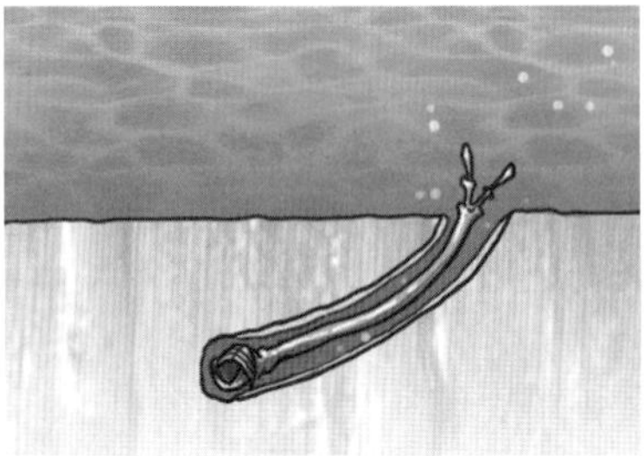

▲船蛆

挖好洞就補強！挖洞高手的高超技藝

接下來就為各位說明挖洞高手，船蛆的挖洞方法。

首先，船蛆頭部有一個銼刀般鋸齒狀貝殼，能夠像鑽子一樣旋轉，船蛆就是用這個方式削木頭。

由於木頭會受到當下氣溫與溼度影響，產生熱脹冷縮的反應，若直接挖洞，挖出來的洞也會熱脹冷縮，大小不一。為了避免這個問題，船蛆的身體會分泌一種含有石灰成分的體液，抹在剛挖好的洞穴內側補強。

影像來源／Wilson44691 via Wikimedia Commons

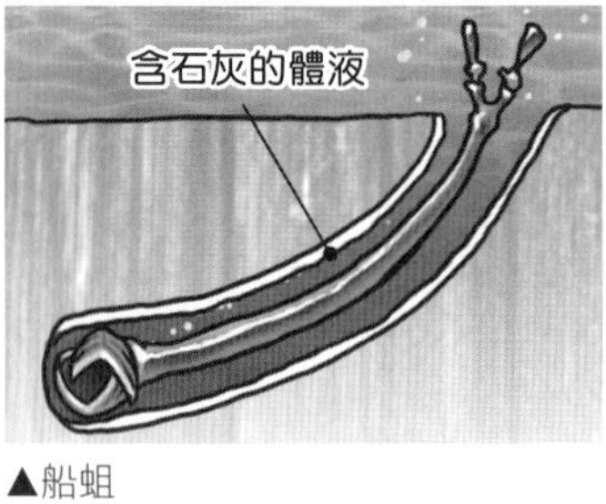

▲船蛆

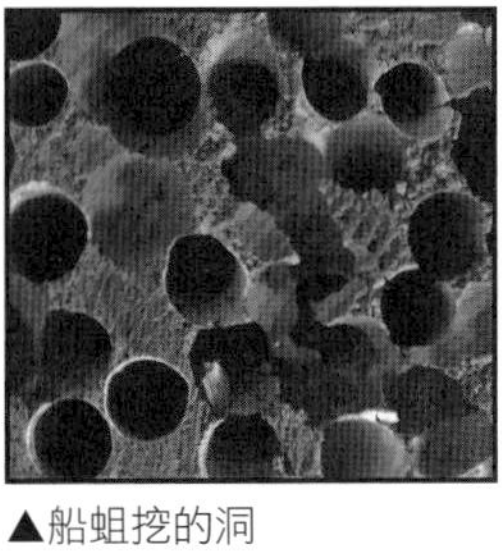

▲船蛆挖的洞

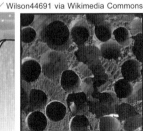

運用盾構法，河底也能鑽洞！

過去的隧道挖掘工程經常發生隧道崩塌，導致許多工程人員喪命。

法國出生的工程師馬克·布魯內爾，觀察船蛆的挖洞方法，發明出隧道潛盾施工法，稱為「盾構法」。盾構法成功運用在英國泰晤士河下方，挖出了人類史上第一條水底隧道「泰晤士隧道」。

布魯內爾構思的盾構法是在隧道挖掘面放置鐵製盾構，這是一個四方形框架。挖洞後，再由後方的泥瓦師傅在周遭牆面砌磚補強。盾構內部有許多小區塊，讓工人依序進入挖洞。接著拿好幾塊由支柱支撐的板子，壓實開挖牆面，再一一拆下，依照事先規劃的深度挖好隧道後，把板子放回去。重複上述作業，直到所有板子都做過一輪，再將盾構往前推進。

▲布魯內爾工法

由於所有工序必須由人力完成，一週只能開挖三到五公尺，雖然花了十八年才完成隧道，但整個施工過程都很安全。

如今已是主流的盾構法

盾構法經過不斷改良，如今採用的是大型圓筒狀潛盾機挖掘隧道。施工方法是以鋼鐵製圓筒支撐開挖中的隧道，轉動設置在前方的銳利刀刃往前鑽洞。接著再用水泥或鐵板補強隧道牆面。

以船蛆為靈感發明的盾構法，無論在任何地方都能安全的開挖隧道，也是目前地下鐵、高速公路等隧道工程的主流工法。

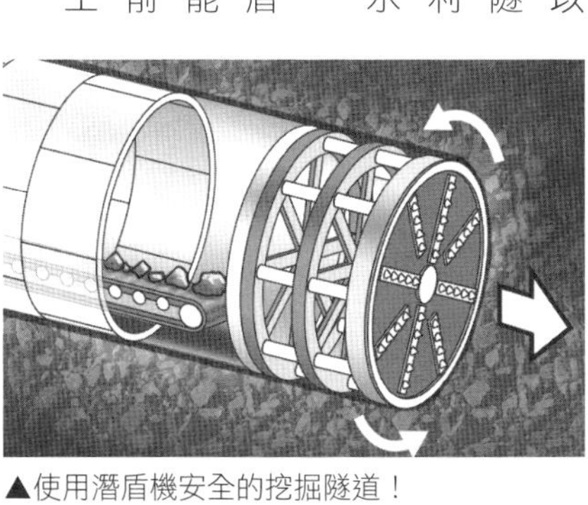
▲使用潛盾機安全的挖掘隧道！

做出可在水中使用的黏著劑！

自然界有許多生物無須黏著劑也能緊貼在岩石上，怎麼做到的？又應用在哪些領域呢？一起來探索！

黏著劑的大敵——水

我們最常見的黏著劑是口紅膠，其他還有可重複黏貼的產品，以及快速凝固的液體黏膠。

不過，無論是哪種黏著劑，共通點就是怕水。在潮溼的紙張抹上口紅膠，黏著效果絕對不好。一般認為黏著劑是在空氣中使用的產品，幾乎沒有在水中使用的，因此在水中壞掉的東西，目前只能帶到陸地上修理。

有些生物在水中具有黏性，是否可以模仿牠們的生理特性，製作出能在水中使用的黏著劑，也成為目前的關注重點。

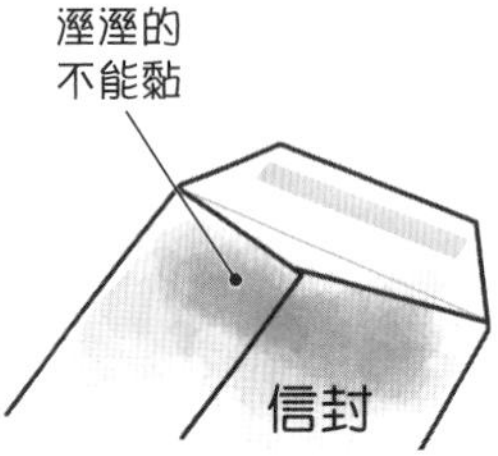

完全不怕水 在哪兒都黏緊緊

藤壺與淡菜是開發最新黏著劑的靈感來源。

藤壺：藤壺看起來像海螺，其實與蝦子、螃蟹是同類，平時緊貼在海底岩石、船底、珊瑚等處生活。

淡菜（別名地中海貽貝）：料理常用的貝類，緊貼在沿岸處的岩石和消波塊上生活。

這些生物的繁殖力很強，還會入侵其他生物的棲地，有時會造成生態問題。不過牠們的黏著性相當高，遇到颱風帶來的強烈風浪也不怕，這項特性已成為研究重點，希望未來能成功應用。

▲藤壺

▲淡菜

※嘩啦嘩啦

在水中黏著的機制

藤壺與淡菜的黏著方法不同。

「二刀流」的藤壺：藤壺會分泌特殊蛋白質（膠黏蛋白），將身體固定在自己所處的環境。首先，藤壺會疏導水分，塗抹底膠，接著再抹上膠黏蛋白。如此一來，便完成了耐水性高又不會被微生物分解的黏著劑。

「操控足絲」的淡菜：大家都知道淡菜會分泌短纖維黏性蛋白，稱為「足絲」。足絲的構造與兒茶酚相同，兒茶酚能與各種物質結合，因此淡菜也能透過足絲緊貼在岩石上。

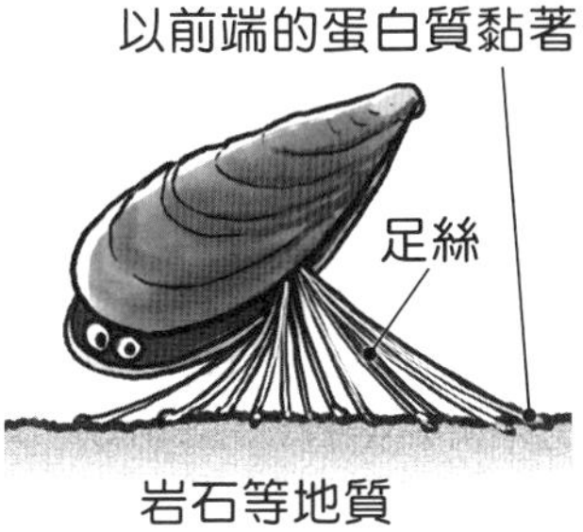
以前端的蛋白質黏著
足絲
岩石等地質

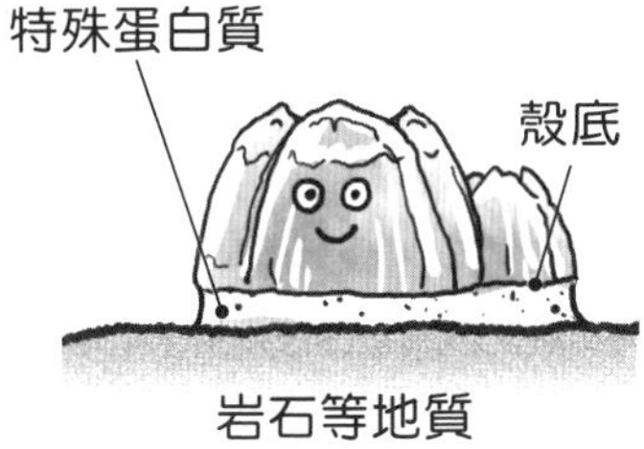
特殊蛋白質
殼底
岩石等地質

製作出海底也能用的黏著劑！

黏著劑廠商模仿淡菜的黏性蛋白，研究水中可用的黏著劑，終於成功製造出不只可以在水中使用，連玻璃等難以黏著的光滑表面也能使用的產品。這些產品的黏著性都超強，每平方公尺可以承受六噸的重量，換句話說，可以輕鬆吊起一頭非洲象，黏著力比淡菜更強（為了可以自由移動，淡菜會調節自己的黏著力）。

目前廠商已經利用淡菜的黏性蛋白原理，開發出各種黏性產品，包括可以直接修補在水中損壞的船隻，可重複黏貼撕除的黏著劑，以及照射光線才產生黏性的產品，應用範圍相當廣泛，包括手術、建築、工程等領域。

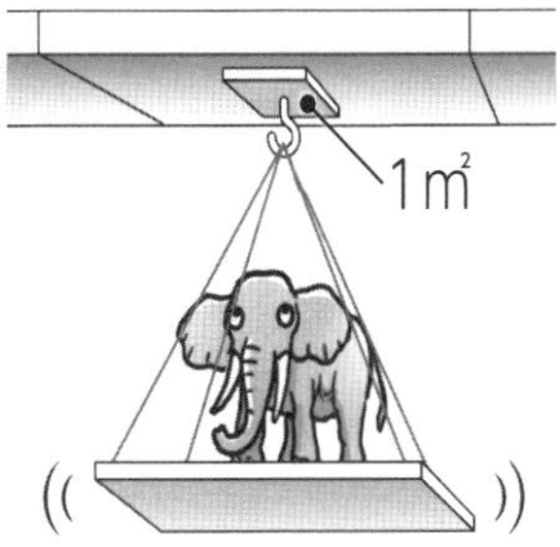
1㎡

▲大象站上去也沒問題？

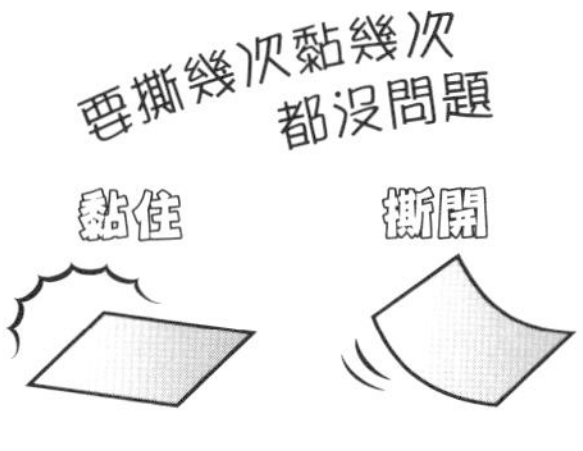
要撕幾次黏幾次
都沒問題
黏住
撕開

▲可重複撕黏

製造珍珠的珠母貝盒

好美喔……
這是當年結婚時，你爸爸送給我的喔。
爸爸一定花了不少錢吧。
我也想要這種珍珠項鍊。
等你長大之後再說吧。
不好意思，請問靜香在家嗎？
來了。
我有作業不會寫，想問你一下……
好美的項鍊！
你戴起來好像公主喔。
真的嗎？
給大家欣賞一下吧。
真不好意思……
這項鍊至少值三百萬喔。
好昂貴喔。
我也要看。

生物超能模擬器Q&A

Q 有些蝴蝶會躲進陰涼處調節體溫，這是真的嗎？

A 假的。蝴蝶無法靠自己的力量調節體溫，但牠可以持續從屁股排出喝下的水，以這個方式降溫。

然而使用這個道具，只需要三個月即可製作完成。
將珠芯放入。
接著得在海水裡浸泡三個月才行。
在游泳池裝滿水，
倒入「海水精華」……
我去告訴靜香，讓她安心。
咦…
已經回去了嗎？
噓……
這孩子跑到哪裡去啦？
竟然把項鍊戴出去，萬一弄丟可就糟了。
我沒辦法等三個月。
也是。

生物超能模擬器Q&A

Q 有種昆蟲即使流失百分之九十七的體內水分仍能生存，這是真的嗎？

A 真的。曾有文獻記載，將乾燥的嗜眠搖蚊幼蟲在十七年後放入水裡，幼蟲竟然醒了。

Q 有種昆蟲跟變色龍一樣，將身體形狀與顏色模擬成周遭環境。這是真的嗎？

有了!!
「忘卻花」。
只要聞到這朵花的氣味，就會暫時……
……
……
暫時怎樣啊？
會暫時忘記自己要做什麼啦。
靜香!!
妳把媽媽貴重的……
……
……
……
我來這裡做什麼啊？
趁伯母想起來前快快快。

A 真的。模擬環境特徵的行為稱為擬態。枯葉蝶的翅膀內側看起來跟枯葉一樣。

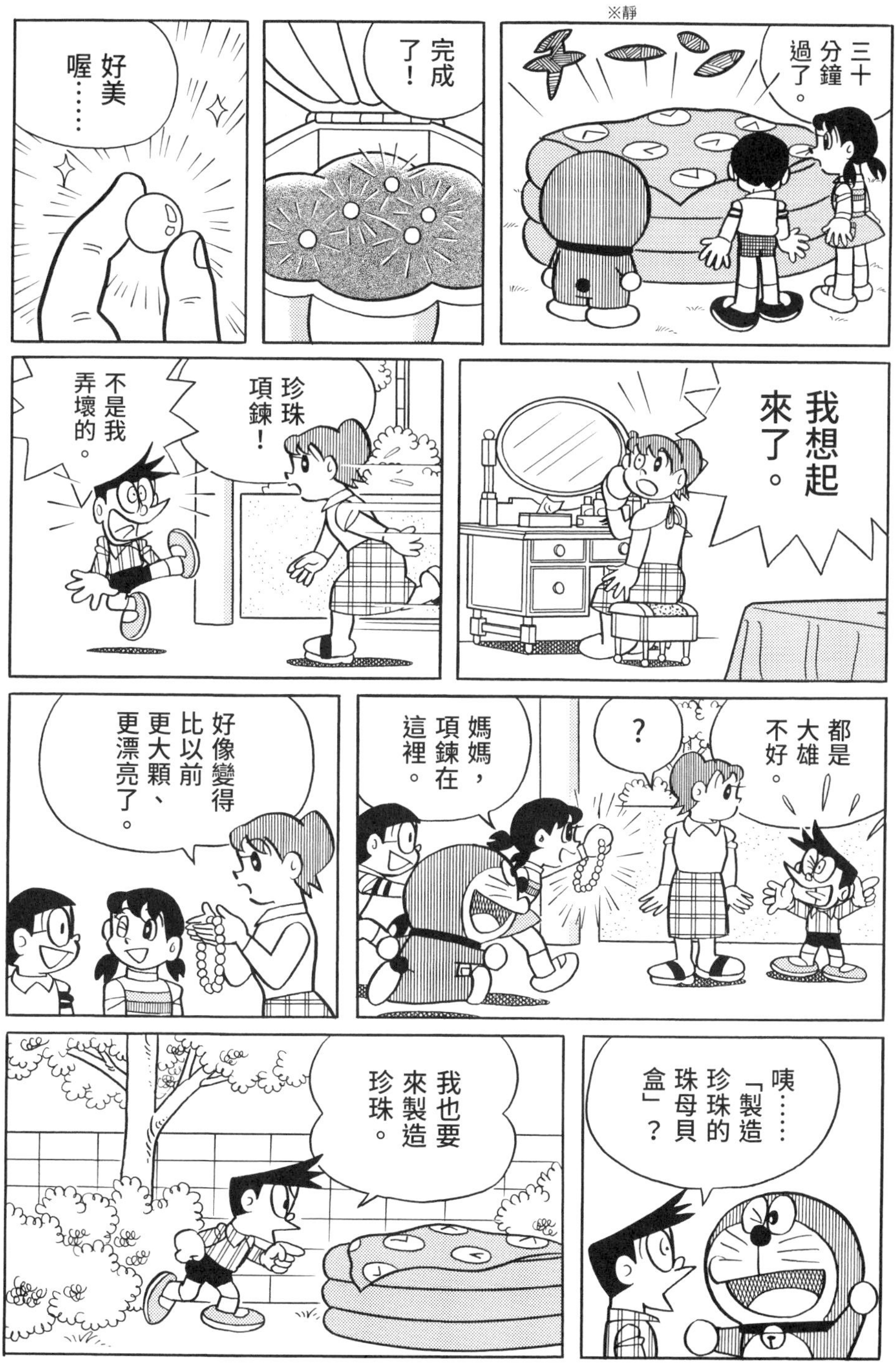

※靜
三十分鐘過了。
完成了！
好美喔……
我想起來了。
珍珠項鍊！
不是我弄壞的。
都是大雄不好。
？
媽媽，項鍊在這裡。
好像變得比以前更大顆、更漂亮了。
咦……「製造珍珠的母貝盒」？
我也要來製造珍珠。

要怎麼弄啊？
※砰咚
哇啊～救命啊!!
小夫有沒有來這裡啊？
沒有。
對了！得把珠母貝盒收起來才行。
啊～小夫珍珠!!

第4章　以生物為靈感發想的最新技術【直接借用生物能力】

活化石拯救人類？

各位聽過中華鱟嗎？中華鱟的背上有硬殼，緩慢的貼著海底游動，外觀看起來很粗獷。事實上，牠具備了一種驚人特質。

中華鱟從遠古時代就存在於地球上！

中華鱟不是螃蟹，跟蜘蛛是親戚，主要棲息在泥灘。中華鱟在日本被列為「極危物種」，顯示即將絕滅的機率非常高，數量相當稀少。

幼年期的中華鱟看起來都像雌鱟，經過多次褪皮，長至成體需要十幾年。

中華鱟從兩億年前就出現在地球上，外觀從未改變，由於這個緣故，人們稱牠為「活化石」。

▲中華鱟

中華鱟的血是藍色的！

中華鱟有許多特性，大家最常提到的就是牠的血液是藍色的。

人類：血液中的紅血球含有紅色蛋白質，稱為血紅素。血紅素與氧氣結合，隨著血液循環運送氧氣。血紅素含有鐵質，與氧氣結合後呈鮮紅色。

中華鱟：中華鱟沒有血紅素，由血藍素運送氧氣。血藍素含銅，與氧氣結合就會變成藍色，因此中華鱟的血液看起來偏藍。

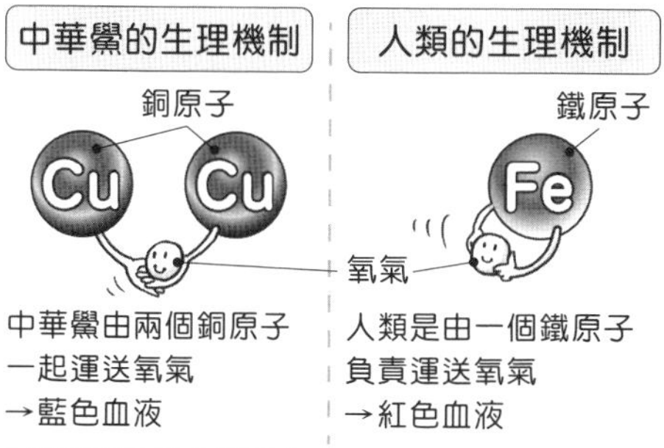
中華鱟的生理機制
銅原子
Cu
Cu
氧氣
中華鱟由兩個銅原子
一起運送氧氣
→藍色血液
人類的生理機制
鐵原子
Fe
人類是由一個鐵原子
負責運送氧氣
→紅色血液

▲運送氧氣的成分不同。

遇到毒素 血液就會變成凝膠

中華鱟的藍色血液有一項十分驚人的能力，那就是當它與存在於病原體的「內毒素」產生反應就會變成膠狀，這是因為血液中的「酵素」（蛋白質）召集其他蛋白質，將內毒素包圍起來，才會出現凝膠化現象。

含有內毒素的病原體包括會引起食物中毒的沙門氏菌和大腸桿菌等等。內毒素一旦進入人體血液中，會引起發燒等症狀，若真的入侵人體，後果將不堪設想。我們一定要想辦法預防，才能維護身體健康。

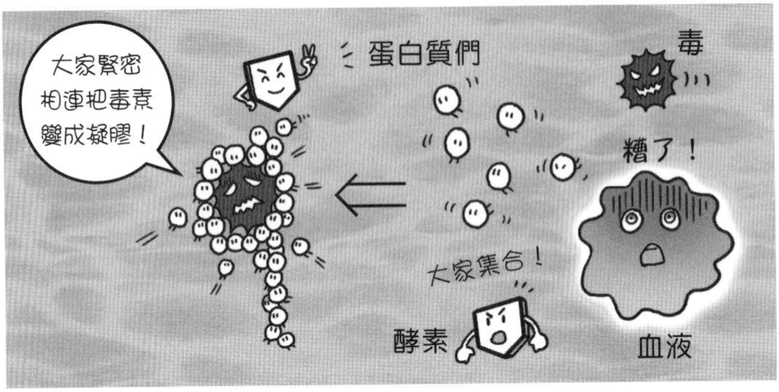
毒
糟了！
蛋白質們
大家緊密相連把毒素變成凝膠！
大家集合！
酵素
血液

利用中華鱟的血液 檢測是否有細菌

誠如上述所說，內毒素有害人體健康，因此在醫療現場必須確認器具和藥品是否遭到內毒素汙染。由於這個緣故，人類研究利用中華鱟的血液檢測內毒素的方法。如今已開發出抽取中華鱟的血液且經過特殊處理，再與藥水混合後檢測的方法，在醫療現場發揮很大的作用。

不過，這個檢測法造成中華鱟極大的負擔。為了保護中華鱟，醫界目前採取減少抽血量，或是抽血後放回原棲息地等方式※。

之前，在開發新冠肺炎的疫苗時，藥廠也使用了中華鱟的血液進行檢查。不過，人類還是必須維護自然生態，想出辦法盡可能的減少對中華鱟的干擾。

好累哦！
有毒！大家集合！

▲中華鱟的血液有助於維護醫療安全。

※報告指出中華鱟在抽血之後，有一到三成會死亡，因此美國已經開始使用合成化合物取代。

生物的力量也能淨化水質

生長在土壤和水中的微生物分解各種物質，並吸收物質中的養分維持生命。人類正在研究是否可借助微生物的力量，應用在淨化技術上。

水與土壤的淨化技術急需解決的問題點

人類活動造成土壤和水資源的汙染時，最常見的做法是使用能有效分解汙染源（汙染物質）的藥劑。只要藥劑可以分解汙染源，土壤和水資源就能變乾淨（淨化）。不過，藥劑在分解物質時，會衍生出新的廢棄物質，若引發預期外的反應也會留下副產物，很可能對環境產生負面影響。

▲這個方法連植物和動物都遭殃。

此外，也可以直接清除汙染土壤，以物理方式解決環保問題。缺點在於這個方法清除的不只是土壤，連棲息在該處的動植物都會被移除。對於那些以植物為食或居住在植物裡的動物，或是以被移除的動物為食的其他動物來說，這個方法對牠們的影響很大，也有危害生態系的風險。

什麼是生物修復？

除了上述利用藥劑與物理方式達到淨化目的之外，還有第三種方法，那就是借助微生物的力量，這項名為「生物修復」（Bioremediation）的技術目前正在研究中。「bio」是希臘文「生命的」之意，「remediation」

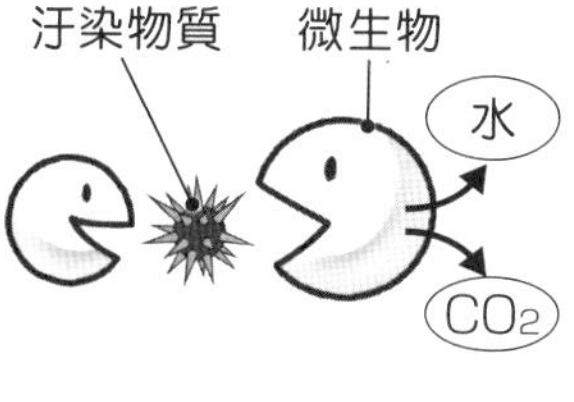

▲微生物分解時只會排出沒有直接損害的物質。

在希臘文則是「修復」的意思，Bioremediation便是來自這兩個字。

話說回來，自然界原本就存在各種微生物，負責分解各種物質，或是將各種物質儲存在自己體內。生物修復就是活化（產生活性）這些分解或儲存汙染物質的微生物，將汙染物質從環境中移除的技術。

生物修復利用微生物，降低對環境的影響，不過也因為必須發揮微生物的力量，比起化學或物理方式，需要花費較多的時間，但好處是成本很低。

也能應用在發生這個問題時

專家認為發生貨船漏油等重大海洋汙染事件時，生物修復是最有效也最好的解決方法，目前正在進行相關研究。

具體來說必須先開發出營養劑，用來活化能分解石油的微生物，並將營養劑灑在漏油海域，如此一來便能增生大量微生物分解重油。

重油洩漏對海洋生態系的危害相當嚴重，為了徹底解決問題，不只要用短期的物理性方法，例如使用可吸收重油的物質進行清除，減少重油留在海洋中的量，針對岩石和沙等物理性方法難以發揮的地方，還要搭配長期的生物性技術，才能達到保護地球生態的目的。

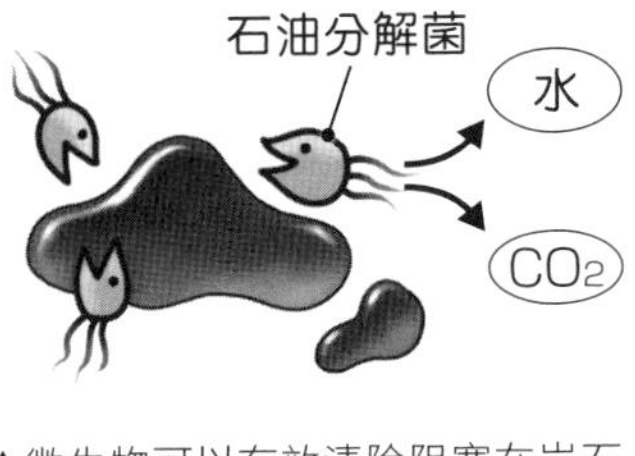

▲微生物可以有效清除阻塞在岩石細縫處的重油。

生物修復的課題

生物修復使用微生物的力量，最大問題是必須花很長時間才能看到效果。此外，遇到多重汙染物質的複雜情形時，必須根據各種物質採用適合的微生物，應用難度相對較高。

由於這個緣故，若要處理漏油等海洋汙染事件，不只要借助微生物的力量，也要同時搭配化學性與物理性方法，才能事半功倍。

小小廚師做的？發酵食品

我們人類每天吃各種食物，有些食物是借助微小生物的力量製成的，一起來看看這些小小廚師吧！

什麼是發酵食品？

各位聽過發酵食品嗎？發酵食品是借助微生物的力量（發酵），改良味道和營養價值的食品。答案揭曉，微生物就是這一節的主角——小小廚師。發酵食品包括醬油、起司、納豆、優格、酒等。

小小廚師＝微生物

微生物是我們肉眼看不見的小生物，包括菌類、細菌和藻類等。其中會製造發酵食品的是黴菌、酵母等菌類，以及乳酸菌、納豆菌等細菌。有些發酵食品是由單一微生物製成，有些則是由幾個微生物一起製成，各位可以參考下方的圖示說明。

除了可以吃的食品之外，青黴菌還能製造抗生素盤尼西林。抗生素是由菌類和細菌分泌的一種物質，可以抑制其他微生物增生，應用於許多醫藥品之中。盤尼西林是全世界第一個研發出的抗生素，多虧有它，才能大幅減少因傳染病逝世的患者人數。

此後，人類還開發出好幾種由黴菌製成的藥物。

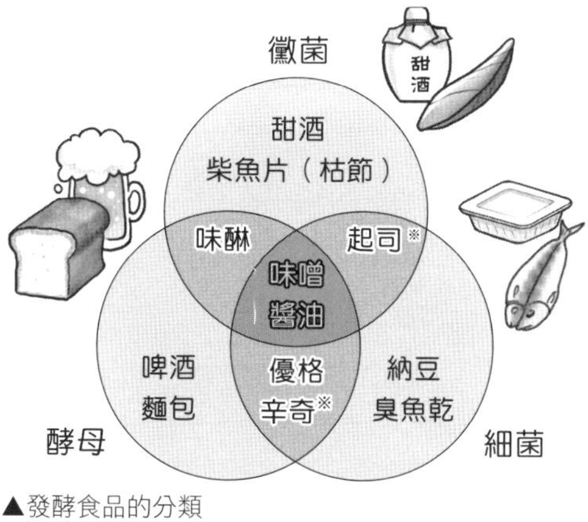

▲發酵食品的分類

※有些起司不使用黴菌。辛奇是韓國泡菜的正式名稱。

發酵的作用

人類靠消化食物獲得生存所需的能量，微生物也是從食物獲得能量活下去，它的作用之一就是「發酵」。

話說回來，為什麼人類要刻意讓食物發酵呢？首先，發酵是為了延長食物的保存期限。以前的人將牛奶做成起司，把肉做成火腿，都是為了讓食物可以放久一點。

其次，是為了提高食物的營養價值。微生物可以分解食物含有的成分，讓食物帶有甜味或是鮮味。不僅如此，分解後的營養素讓身體更容易吸收，營養價值更高。

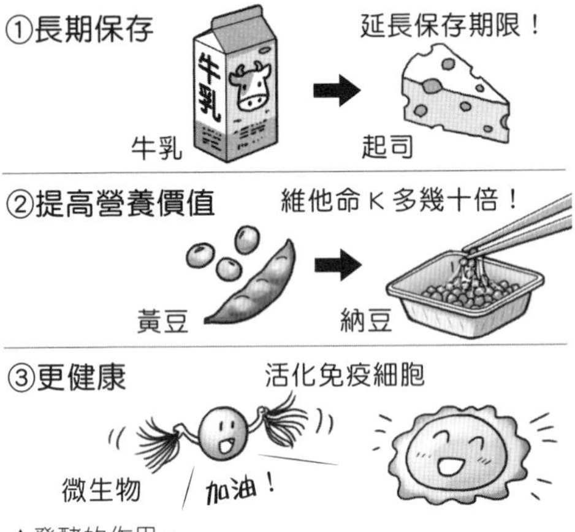
①長期保存
延長保存期限！
牛乳
牛乳
起司
②提高營養價值
維他命K多幾十倍！
黃豆
納豆
③更健康
活化免疫細胞
微生物
加油！
▲發酵的作用。

此外，有些微生物可以調理腸內環境，提高免疫力，讓身體更健康。感謝微生物的存在，提升我們的新陳代謝（分解與合成物質的作用），讓身體更容易吸收營養，順利長出肌肉。

人類自古以來就懂得借助微小生物的力量，讓我們的生活能夠更加便利。

小知識

發酵和腐壞的差異究竟在哪裡？

發酵和腐壞的差異在於，一個是「作用中的微生物」，另一個則是「作用的結果」，它們的機制是相同的。舉例來說，不會發酵的黴菌在分解食物後會產生阿摩尼亞，這是一種毒素。這個現象稱為腐壞。腐壞不是壞事，是讓食物回歸大自然的重要作用。

簡單來說，每一種微生物都有自己應盡的責任。

發酵
腐壞
▲發酵與腐壞。

蜥蜴液

※叭叭

哇啊，好帥氣的車子。
我爸爸又買新車了。
靜香你要試乘看看嗎？
我會教你怎麼發動喔。
沒有駕照怎麼可以開車呢？
你很囉唆耶，我當然知道。只是模仿而已。
靜香來吧！
轉動這個的話，引擎就會發動。
把排檔打到D檔，放掉剎車……
我明明跟靜香聊得正開心呢。

生物超能模擬器Q&A

Q

大多數老鼠的壽命只有三年，裸鼴鼠可以活三十年。這是真的嗎？

A 真的。裸鼴鼠的平均壽命為三十年，由於牠不會老化，醫界正在進行基因研究，希望可以應用在癌症治療藥物上。

呵呵呵、呵呵……
好像很有趣，借我看一下。
我正在看耶。
有什麼關係嘛，稍微看看而已。
不，放手。
※裂開
你要賠我！
喂——大雄。
你可要接好喔。
※鏘

生物超能模擬器Q&A

Q

複習題！蜻蜓翅膀的表面很平滑，可以飛得更順暢。這是真的嗎？

※修復

A 假的。蜻蜓翅膀的表面凹凸不平。模仿凹凸表面製成的風車只要微風就能轉動，遇到強風也不會壞，是其最大優點。

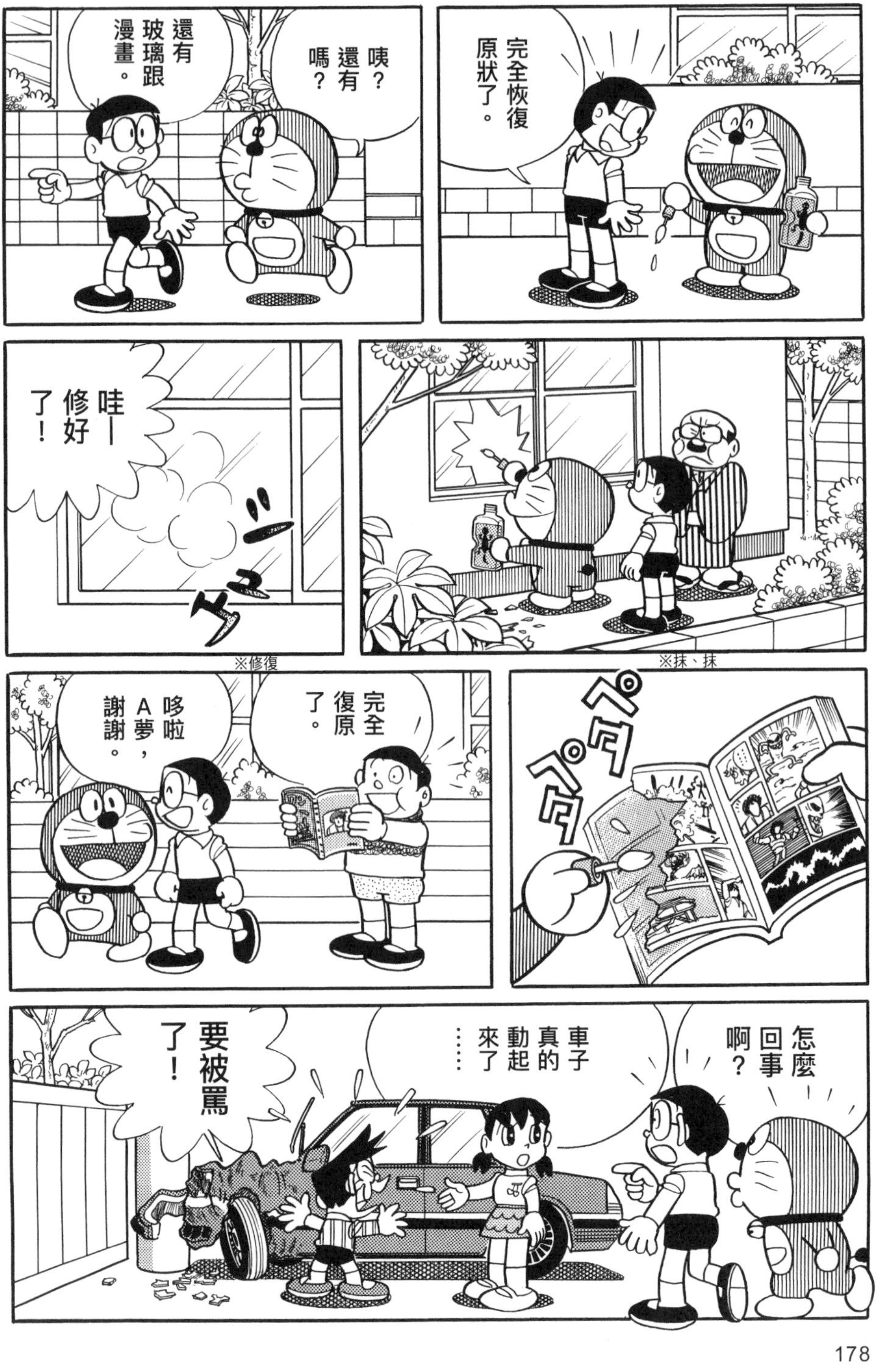

生物超能模擬器Q&A

Q 複習題！由薄玻璃製成的燈泡不易裂開，這是因為它模仿了什麼形狀？

A 雞蛋。雞蛋的結構最不容易破裂，才能讓母雞孵蛋時坐在上面保持溫度。燈泡的形狀就是模仿雞蛋。

將撞壞的部分切掉……
再塗上「蜥蜴液」後……
真是太謝謝你們了，我該怎麼向你們道謝呢!?
那把你的玩具跟漫畫借我吧！
可以啊。
只要切成兩半後，再塗上「蜥蜴液」，東西就會變成兩個了。
每次遇到這種事，你就會想出好點子呢。

第5章 手腳與內臟也能重生？iPS細胞

拯救未來？研究中的技術

哆啦A夢的祕密道具「蜥蜴液」可以讓壞掉的東西恢復原狀，靈感來源就是蜥蜴的再生能力。目前科學家正在研究，是否可以借助蜥蜴的再生能力，讓人體局部也能再生。

蠑螈的手腳和尾巴斷掉後還能再長出來

遭受到敵人攻擊時，蠑螈會切斷自己的尾巴趁隙逃跑。牠的尾巴會再長回來，這類失去的身體部位重新生長的現象稱為再生。

兩棲類的蠑螈不只尾巴，手、腳，還有眼睛的一部分都能再生。首先，失去的部位會增生形成「芽基」。芽基是由一群沒有固定角色和功能、處於「逆分化」狀態的細胞集結而成。逆分化狀態的細胞會慢慢演變成皮膚或肌肉等細胞，最後讓身體部位完美重生。

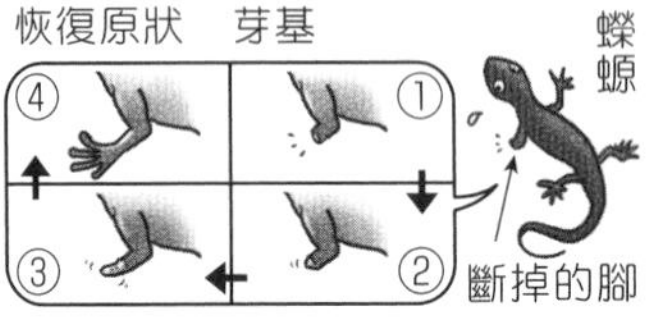

蠑螈
恢復原狀
芽基
①
②
③
④
斷掉的腳

重新長出皮膚與肌肉（②～③）

人類細胞無法逆分化

包括人類在內，從一顆受精卵進行細胞分裂長成的動物，身體構造都相當複雜。受精卵具有「多能性」，擁有完全能力，是十分特殊的細胞。受精卵透過細胞分裂增生的細胞，演化出各自的角色和功能後，大多數狀況下會失去多能性。幾乎所有細胞只要確定了自己的角色和功能，就再也無法回到逆分化狀態。

雖然數量很少，但人體還是有

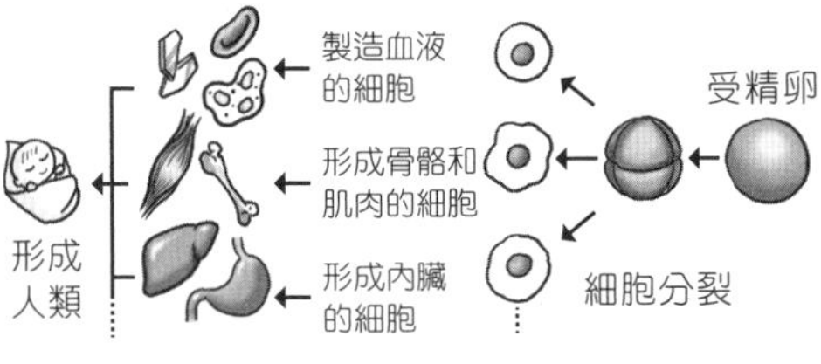

受精卵
細胞分裂
製造血液的細胞
形成骨骼和肌肉的細胞
形成內臟的細胞
形成人類

▲人體形成的過程。

一些具有多能性的細胞。這些具有多能性，可以增生的細胞稱為「幹細胞」。

真希望能製造出擁有多能性的幹細胞！

如果能以人工方式做出全能的幹細胞，就能製造各種臟器，有助於發展再生醫療，因此有許多學者專家投入研究。如今已成功製造出ES細胞（胚胎幹細胞）和iPS細胞等兩種幹細胞。

ES細胞：人類的受精卵經過細胞分裂後形成「囊胚」，囊胚裡的細胞（內部細胞團）形成人體的各個部位。ES細胞就是從內部細胞團抽取出來製成的幹細胞。由於幹細胞可以發展成

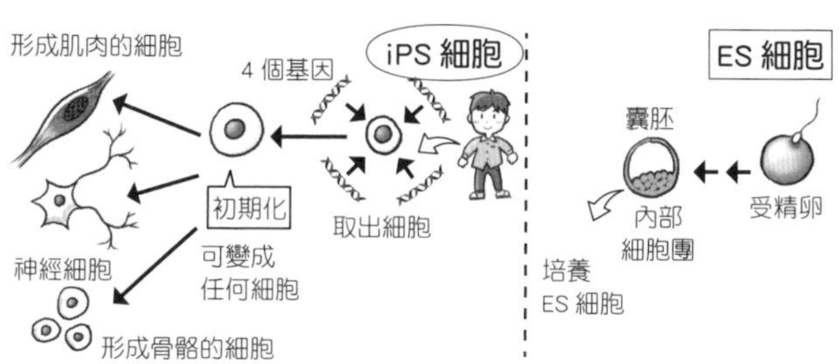
ES 細胞
囊胚
受精卵
內部
細胞團
培養
ES 細胞
iPS 細胞
4 個基因
取出細胞
初期化
可變成
任何細胞
形成肌肉的細胞
神經細胞
形成骨骼的細胞

▲ES 細胞與 iPS 細胞的製造方法。

各種組織和器官，醫界正積極應用在醫療現場。

不過，目前還有不少問題亟待解決，例如囊胚可能遭到破壞，無法順利形成人體。以及利用ES細胞製造出來的器官來自於別人的細胞，很可能引起排斥反應※。

iPS細胞：將四個基因導入人類皮膚等處的細胞，進而製作出來的幹細胞。由於不採用別人的細胞，是用患者本人的細胞製造而成，無須擔心排斥反應。從iPS細胞製造器官的相關研究正在進行中。

iPS細胞也有助於對抗新冠肺炎。實驗小組製造出肺與血管等細胞或組織，使其感染新冠病毒，了解病毒的運作機制後，再給予新開發的治療藥物，確認其安全性和效果。不僅如此，還為細胞或組織施打新冠疫苗，除了確認安全性之外，也要釐清是否能預防感染。

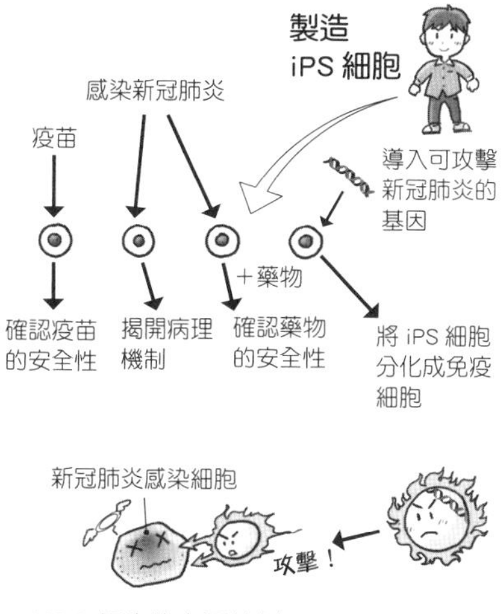
製造
iPS 細胞
感染新冠肺炎
疫苗
導入可攻擊
新冠肺炎的
基因
＋藥物
確認疫苗
的安全性
揭開病理
機制
確認藥物
的安全性
將 iPS 細胞
分化成免疫
細胞
新冠肺炎感染細胞
攻擊！

▲iPS 細胞的應用範例。

※移植他人器官時，如發生器官無法正常運作，稱為排斥反應。

體內回收循環機制可以治病？

人體自噬機制的相關研究在二〇一六年榮獲諾貝爾生理學或醫學獎，這一節我們一起來學習什麼是自噬，可以應用在哪些領域。

細胞裡生成的老廢物質會如何處理？

人體是由數十兆個小細胞構成，由於細胞是活的，利用養分和氧氣呼吸（細胞呼吸），獲得生存所需的能量。在這個過程中產生的老廢物質不只會排出體外，也會在體內分解，回收胺基酸重複利用。這個機制稱為「自體吞噬（自噬）」。

細胞的老廢物質
胺基酸

▲什麼是自噬？

自噬的運作機制

細胞從血液中獲取氧氣和養分，進行細胞呼吸。若遇到飢餓狀態缺乏養分時，細胞內部就會生成一個膜，膜會一直伸展，將老廢物質包圍起來。接著與含有分解物質成分（酵素）的「溶酶體」融合，把包在膜裡面的老廢物質分解成胺基酸，萃取出養分。簡單來說，就像是結合了吸塵器和廚餘桶※的功能。

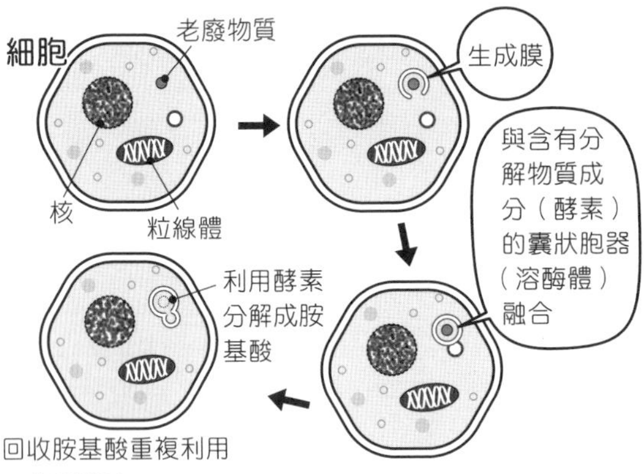

細胞
老廢物質
核
粒線體
生成膜
與含有分解物質成分（酵素）的囊狀胞器（溶酶體）融合
利用酵素分解成胺基酸
回收胺基酸重複利用

▲自噬機制。

※廚餘發酵後當肥料使用。

自噬機制的各種作用

自噬機制相當複雜，當中還有許多人類尚未釐清的部分。以目前已經掌握的資訊來看，自噬機制不只可以因應缺乏養分的飢餓狀態，也能像左圖所示影響各種生命現象。

舉例來說，自噬機制可以分解老廢物質，淨化細胞，還能延緩老化。此外，還可以抑制病原體與癌細胞的活動，促進腹中胎兒的發育。

正因為有這麼多功能，一旦自噬機制無法順利的運作，就有可能會引起各種疾病。

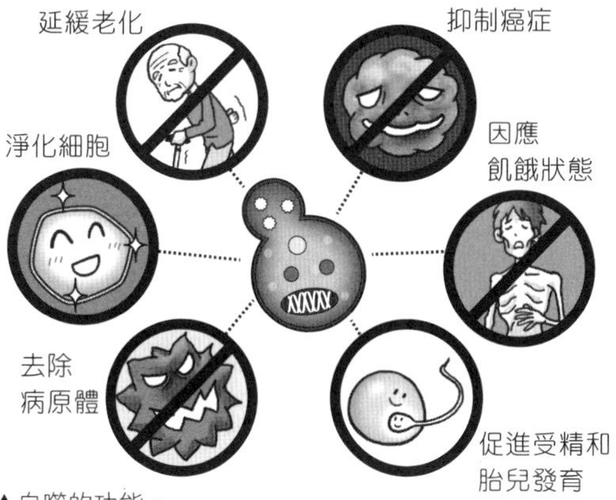
延緩老化
抑制癌症
淨化細胞
因應飢餓狀態
去除病原體
促進受精和胎兒發育

▲自噬的功能。

自噬機制可以預防疾病？

現在日本和台灣都已經進入高齡化社會，罹患阿茲海默症與生活習慣病※的患者越來越多，造成的問題相當嚴重。這些疾病大多與腦部細胞這類壽命較長的細胞出現大量老廢物質（受損的蛋白質）沉澱有關。

為了解決這個健康危機，醫界注意到能夠自行清理細胞內部的自噬能力。若能找到活化自噬能力的方法，就能預防和改善阿茲海默症、帕金森氏症等大腦受損疾病，還有糖尿病等賀爾蒙異常相關疾病，以及心臟衰竭等心臟病。如今各界都投入許多資源努力研究。

帕金森氏症
阿茲海默症
心臟衰竭
糖尿病

▲如能活化自噬機制，可望治療上述疾病。

※生活習慣病：源自於生活習慣所造成的高血壓、糖尿病、心臟病等慢性疾病。

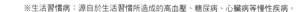

好吃的含鹽植物可以守護綠色地球？

近年來經常可在超市的蔬菜貨架上發現冰花的身影。冰花被認為是可以解決乾旱地區的糧食問題，有效預防地球沙漠化的環保植物。

世界上有些地方不適合植物生長

世界上有些地方雨量很少，氣候十分乾旱，不適合植物生長。若要在這類地區種植農作物，必須從河川、地下水或湖泊引水，透過灌溉溝渠為農田澆水，也就是採行人工給水的「灌溉農法」。多虧灌溉農法，乾燥地區也能採收農作物。

但如果長期實施大規模灌溉農法，就會引起連作障礙（在同一片土地持續耕種相同作物，導致土壤養分失衡作物難以生長的現象）或鹽害（請參考下圖），再也長不出農作物。到了這個地步，乾旱地區就會發生缺糧問題，因此人類一直在尋找不怕鹽害的農作物。

為什麼會產生鹽害？

農夫耕種作物時在農地上灌溉供水，為什麼這項行為會導致鹽害呢？先來看一下原理吧。

灌溉農地會讓位於地底深處的鹽分溶於水裡，當地表的水分蒸發，就會將與其相連的含鹽地下水帶至地面。當含鹽地下水的水分蒸發，鹽分就會留在地表。如此一來，土壤表面的鹽分含量變高，導致許多植物枯死或發育不良。這就是鹽害。

根據研究，當土壤含有百分之零點五左右的鹽分，水稻就無法生長。

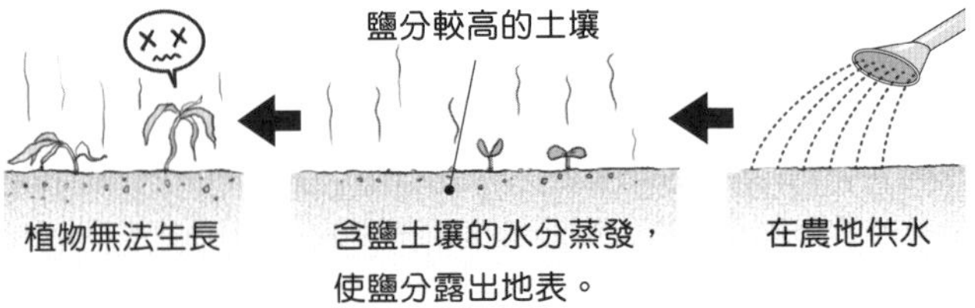

在農地供水
鹽分較高的土壤
含鹽土壤的水分蒸發，使鹽分露出地表。
植物無法生長

▲引發鹽害的原理。

有些植物在鹽害土地也能生長

乾燥地帶有許多鹽分濃度較高的土地，導致許多植物無法順利生長，不過有一種綠色植物卻能欣欣向榮，那就是冰花。它的外表看起來像是葉片上布滿了水滴，吃起來有脆嫩多水的感覺，帶有淡淡鹹味。報告指出冰花在含鹽量高達百分之三十六的土地也能生長，可說是生命力相當強盛的植物。

冰花可以承受高濃度鹽分的祕密，在於其葉子和莖部表面看起來像水滴的部分，稱為囊細胞。從根部吸收鹽水後，分離鹽與水並將鹽鎖在囊細胞裡。

此外，冰花在涼爽的夜裡從氣孔（遍布植物背面交換氣體的器官）吸入二氧化碳，在炎熱的白天關閉氣孔，避免水分蒸發，行光合作用。由於這個緣故，冰花在乾旱地區不用水也能生長。

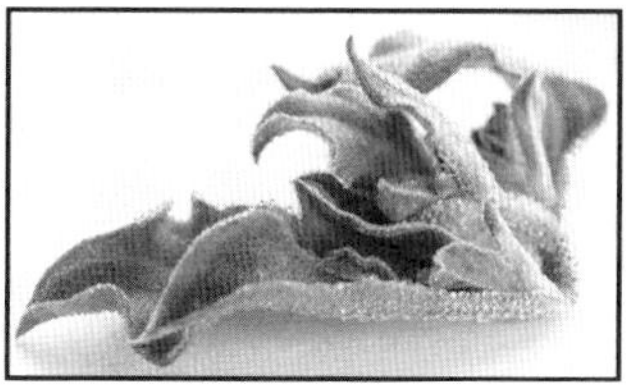

▲冰花

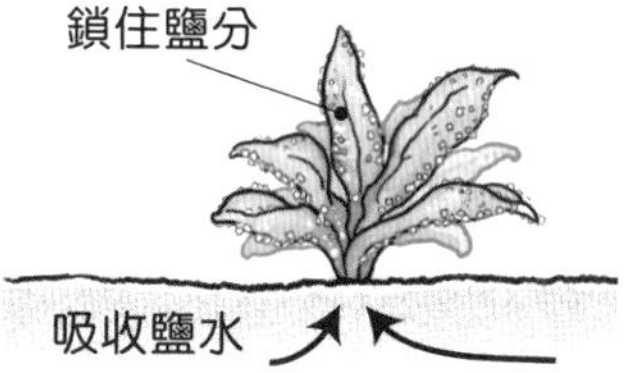
鎖住鹽分
吸收鹽水

▲囊細胞的作用

有助於沙漠綠化？

若能在含鹽量較高的沙漠化土地種植冰花，就能吸走鹽分，降低土壤含鹽量。此外，如果能釐清冰花分離水與鹽的機制，一定可以研發出耐鹽分的蔬菜。

這類利用植物吸收土壤或空氣中有害物質的技術稱為「植物修復」。除了冰花之外，利用向日葵吸收土壤中的放射性物質，以及透過植物吸收重金屬鎘的相關研究，都是應用植物修復技術的最佳範例。

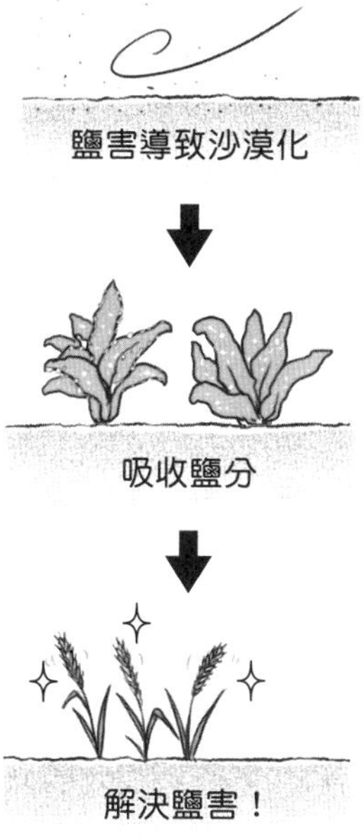
鹽害導致沙漠化
吸收鹽分
解決鹽害！

▲利用冰花綠化沙漠。

生物型機器人大活躍！

人類模仿各種生物的特徵，製造出好幾種有趣的生物型機器人。未來你或許能看到它們出現在你的生活周遭喔！

水陸兩用！水黽造型機器人

各位應該看過水黽以六隻腳站在水面上，順暢無礙的在水上行走，表演輕功水上飄的模樣。據說牠們一秒鐘可以往前進一公尺，簡直就是忍者的化身！

水黽可以浮在水面行走的祕密在於它的體重和腳部構造。

水黽的身體相當輕，腳的表面長滿了覆蓋一層油的細毛。由於油水不相容的關係，覆蓋一層油的細毛絕對不會弄溼。腳上的細毛也讓水的「表面張力」更容易發揮作用，讓水黽輕鬆的浮在水面上。當然，牠能像其他昆蟲一樣在陸地行走，也能展翅高飛。

以前腳與後腳
支撐身體
靠中腳向前
推進
也能在空中飛
1 秒前進
1 公尺！
水
▲水黽的身體結構。

人類從水黽獲得靈感，希望研發在水上、陸上、天空都能自由行動的機器人，如今全世界已做出好幾款水黽造型機器人。日本構思的機器人是在前腳和後腳裝上保麗龍，使其在水面漂浮，中腳則像船槳一樣划動前進。國外甚至設計出可以跳躍的機器人。

由於水黽造型機器人可在水上和陸地移動，期待未來能在發生洪水的時候，前往人類到不了的地方協助救難或進行調查。

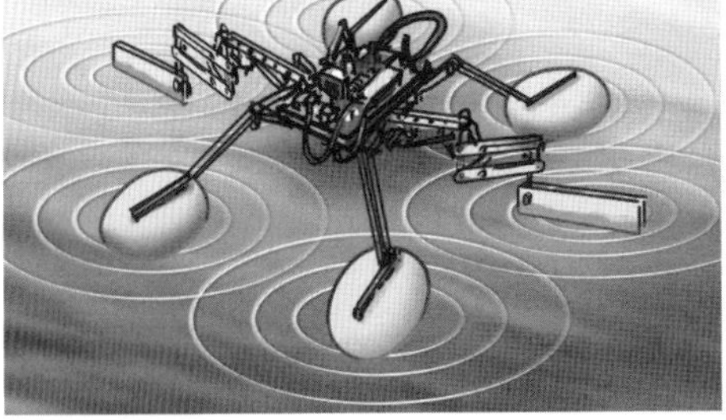
▲水黽造型機器人。

各種場合都能派上用場！生物機器人

接著為各位介紹各種不同的生物機器人。

自動駕駛機器人EPORO：一大群魚一起游動卻不會互撞，人類由此獲得靈感，研發出可以成群移動的自動駕駛機器人。只要由其中之一發出指令，其他機器人就會跟著走，控制起來相當輕鬆。即使團隊中有幾台機器人出問題也不礙事，很適合前往外太空的行星執行無人探測任務。

Halluc II：這款機器人是以遠古時期的生物怪誕蟲為靈感來源，八隻腳可以個別動作。共有三種模式，使用腳上的輪胎行走為「汽車模式」；遇到車輪無法行走的地形也能邁開腳步往前走，進入「昆蟲模式」；在空間狹小的地方則能將腳部往前彎折行走，開啟「動物模式」。移動時使用感應器和腳部，即使是有高低落差的地方或斜坡，也能讓身體維持水平狀態繼續行動，未來可望當救護車使用，協助拯救寶貴性命。

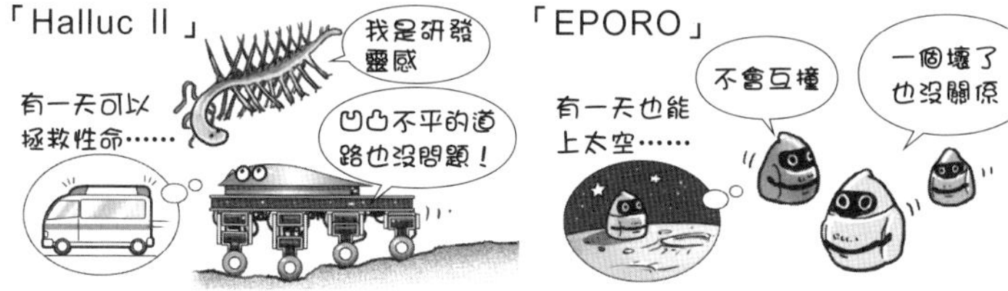
「Halluc II」
我是研發靈感
有一天可以拯救性命……
凹凸不平的道路也沒問題！
「EPORO」
不會互撞
一個壞了也沒關係
有一天也能上太空……

還有這些型態的機器人！

蛇型機器人：可匍匐前進，繞著細桿往上爬，遇到汽車型機器人無法進入的災害現場就能派上用場，也很適合進行管線配置的調查。

蝸牛型機器人：可在曲面或凹凸不平的道路上穩定移動，也能執行飛機的自動檢修任務。

人型機器人：可辨識人類的動作、語言和臉部特徵，手指也跟人類一樣靈活，很適合與人類共同生活，發揮各種用途。

在未來的時代，機器人或許也能像哆啦A夢一樣，與人類心靈相通，就像親友般很自然的和我們生活在一起。

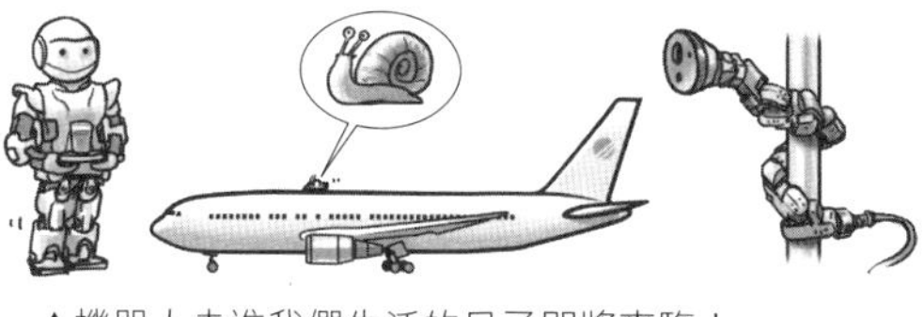

▲機器人走進我們生活的日子即將來臨！

為了更美好的未來，我們要繼續研究各種生物

在前方章節中，我們介紹了各種生物與技術，但這些只是其中很小的一部分而已。這個世界上還有許多擁有卓越能力的生物，你也一起來研究吧，或許你也能開發出新技術哦！

擬態章魚（模仿珊瑚中）

▲顧名思義，擬態章魚是一種可以模仿（擬態）各種生物的章魚。牠可以改變身體圖樣和形狀，模仿海蛇、花枝、具有毒性的牙鮃和珊瑚等各種生物。

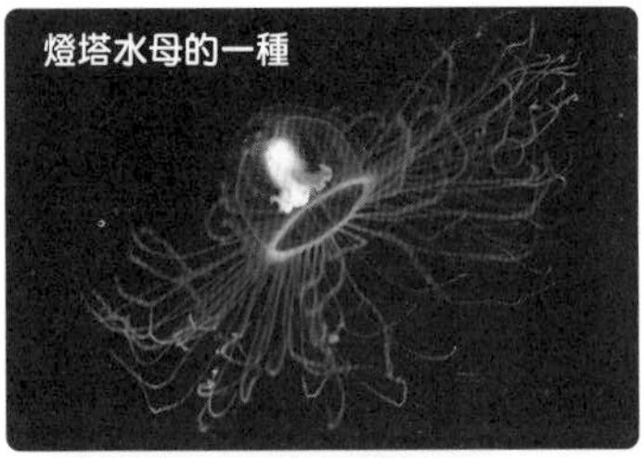
燈塔水母的一種

◀據說這是不會老化也不會死亡的水母。當生命即將走到盡頭，牠會回到「水螅型」，也就是水母的幼年時期。返老還童之後再逐漸長大，長成成熟的水母。

白喉針尾雨燕

▲白喉針尾雨燕是水平飛行速度最快的鳥類，時速可達 170 公里。更驚人的是，牠可以一邊飛，一邊狩獵、喝水，甚至交配，連睡覺也在飛。用不完的體力真令人讚歎。

游隼

▲游隼是俯衝時速最快的鳥類。當牠發現獵物，就會折起翅膀，閉合尾翼，以時速 300km 的速度急遽下降。牠的身體結構完全不把空氣阻力當一回事，你是否也想好好研究一下？

袋鼠

◀紅袋鼠是袋鼠的一種，一步可跳出 8 公尺遠、2 公尺高，被譽為「世界最快的跳躍高手」，加速時甚至可跳 12 公尺遠。牠的後腳究竟有什麼奧祕才能跳這麼遠呢？

非洲巨鼠
影像提供／Aflo

▲非洲巨鼠的嗅覺相當敏銳，可以辨別火藥，在柬埔寨協助清除地雷，貢獻良多，因為拯救人類而受到表揚。不僅如此，不只是火藥，還能聞出肺結核等疾病，令人驚呼不可思議。

射水魚

▲射水魚的特性就是噴出水柱，將地上的昆蟲擊落水中捕食。受到光線在水中折射的影響，獵物實際的所在位置會與在水裡看到的不同，但射水魚可以計算出正確位置，精準打中獵物，真的很神奇。牠究竟是怎麼做到的？

駱駝

▲駱駝的食物是長滿刺的仙人掌，讓人很擔心牠會不會被刺傷，但各位不用擔心，牠不會有事。牠的嘴裡有堅固的牙齒和硬顎（上方內壁的部分），以及無數具有彈性的皺褶，使仙人掌刺不易刺到嘴裡。

吸血蝠

◀吸血蝠是一種吸血的蝙蝠。當牠咬獵物時，獵物不會覺得痛，牠還能找到對方身體中血管聚集的地方，這項能力真的好厲害！

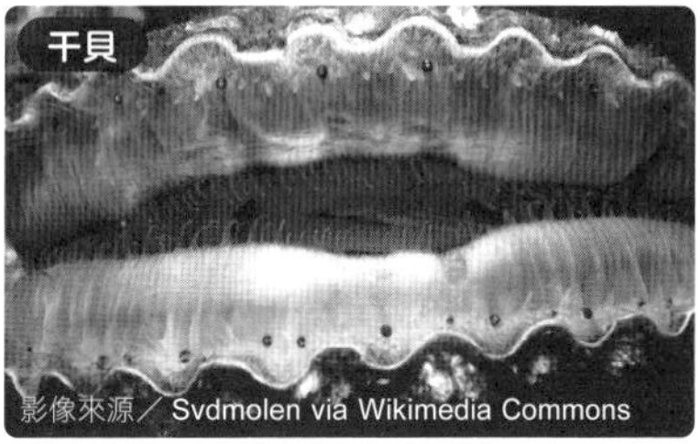
干貝
影像來源／Svdmolen via Wikimedia Commons

▲干貝大約有 100 顆眼睛，構造就跟天體望遠鏡收集光線的方法一樣。究竟是什麼樣的結構呢？真令人好奇。

小知識

邁向仿生學的第一步！

讓我來告訴各位如何踏出進入仿生學領域的第一步吧！

一、點明課題與目標。假設你想做的是「減少新幹線的噪音」，那麼噪音就是課題。

二、為了解決噪音問題，先問自己具體的問題，例如思考「什麼生物可以安靜且高速移動」，你會因此獲得明確的啟發，於是產生「是否可以模仿貓頭鷹」之類的想法。

三、詳細分析獲得的啟發和靈感。以噪音為例，如果能釐清貓頭鷹安靜飛行的原因，根據牠的方法持續嘗試，絕對可以找出解決之道。

你，可能就是下一個偉大發明的發明家！

鏈球蜘蛛的一種

▲這是鏈球蜘蛛的一種，不織網做巢，而是像西部牛仔一樣甩出類似鏈球的蜘蛛絲獵捕獵物。目前已知這類蜘蛛會分泌吸引雄蛾的物質，捕捉被吸引過來的蛾。

後記

地球是後代子孫借給我們的

審訂者代表 下村政嗣

一路進化的人類不斷精進科學技術，享受太空旅行，移居月球和火星的時代終於到來。過去人類追求豐富的物質與便利的生活，努力發展科學技術。遺憾的是，使用化石燃料，產生塑膠廢棄物，破壞了地球環境和生物的生態系。原因正是人類以自我為中心的思考方式，認為進步就是人類的成長（進化）。

從過去到現在，地球上的生物總共經歷了五次大滅絕。不過，生物倖存了下來。生物的演化並非朝進步前進而來。倖存下來的原因只有一個，那就是適應當時的環境。生物利用自己的生存機制持續演變，讓自己適應環境活下去。新冠病毒也採取相同戰略。

我們要進一步學習生物的一切，理解牠們的進化和適應方法，如此一來，人類也能展開和地球共存的時代。本書介紹許多模仿生物的技術，其中大多數是適應環境、友善地球的技術。不只模仿個別生物，也從生物棲息的環境，亦即生態系統學習，構思全新的社會和經濟體系。這不只能保護人類社會，對於永續地球和維持生物多樣性也很重要。

衷心希望各位閱讀本書之後，從小就對我們身邊的生物感興趣。不只是動物園、水族館和博物館，綠意盎然的公園、農場和山林也是絕佳的學習場所。儘管現在科學技術日新月異，但已經釐清生存機制的生物並不多。為了與大自然共存，維持永續的人類社會，生物研究變得越來越重要。有鑑於此，我們必須觀察生物，思考「為什麼」。觀察的習慣能培養出察覺細微「變化」和「差異」的能力，有助於發現目前沒有人知道的生物驚人能力。

如果你喜歡生物，請不要只關心生物，也要對人類技術感興趣。對人類技術感興趣的人也要關心生物，這是我給大家的忠告。抱持著廣泛的好奇心，對於科學技術的健全發展極為重要。各位不妨飼養動物或種植植物，每天細心觀察，說不定你會從中發現人類未來的啟發。

話說回來，哆啦A夢是從未來的哪裡來的呢？月球？火星？答案當然是自然資源豐富的地球啊！

哆啦A夢科學任意門 ㉓

生物超能模擬器

●漫畫／藤子・F・不二雄
●原書名／ドラえもん科学ワールド—— 未来をつくる生き物と技術
●日文版審訂／Fujiko Pro、高分子學會仿生學研究會、NPO法人仿生學推進協議會、下村政嗣（公立千歲科學技術大學應用化學生物學科）、針山孝彥（濱松醫科大學光尖端醫學教育研究中心）、穗積篤（日本國立研究開發法人產業技術綜合研究所中部中心）、平坂雅男（公益社團法人高分子學會）
●日文版撰文／中野志穗、田中佑一（Edit）
●日文版撰文協助／稻垣早予子、鈴木香織、渡邊雅依、Edit 理科課
●日文版美術設計／山下武夫（Craps）、ACT　●日文版封面設計／有泉勝一（Timemachine）
●日文版編輯／楠元順子

●翻譯／游韻馨
●台灣版審訂／陳柏宇

發行人／王榮文
出版發行／遠流出版事業股份有限公司
地址：104005 台北市中山北路一段 11 號 13 樓
電話：(02)2571-0297　傳真：(02)2571-0197　郵撥：0189456-1
著作權顧問／蕭雄淋律師

【參考文獻】
《極致友善的仿生學書籍》（日刊工業新聞社）、《滿滿的奇蹟技術！超厲害的自然圖鑑》（PHP 研究所）、《視覺解說！具備向自然學習的驚人技能生物圖鑑》（文研出版）、《向生物學習的技術圖鑑》（成美堂出版）、《向生物學習革新　進化 38 億年的超技術》（NHK 出版）、《感謝對人類做出貢獻的各種生物》（Liberal 社）、《以物理方式解析動物們的驚人技能》（Intershift）、《哆啦 A 夢科學大冒險 3：觀察微物小宇宙》（小學館 / 台灣版由遠流發行）

2022 年 10 月 1 日 初版一刷　　2024 年 4 月 1 日 二版一刷
定價／新台幣 350 元（缺頁或破損的書，請寄回更換）

ISBN 978-626-361-501-4
遠流博識網 http://www.ylib.com　E-mail:ylib@ylib.com

◎日本小學館正式授權台灣中文版
●發行所／台灣小學館股份有限公司
●總經理／齋藤滿
●產品經理／黃馨瑝
●責任編輯／李宗幸
●美術編輯／蘇彩金

國家圖書館出版品預行編目(CIP)資料

生物超能模擬器 / 日本小學館編輯撰文；藤子・F・不二雄漫畫；游韻馨翻譯．-- 二版．-- 台北市：遠流出版事業股份有限公司，2024.4
面；　公分．--（哆啦 A 夢科學任意門；23）

譯自：ドラえもん科学ワールド：未来をつくる生き物と技術
ISBN 978-626-361-501-4（平裝）

1.CST: 仿生學　2.CST: 漫畫

368　　113000966

DORAEMON KAGAKU WORLD—
MIRAI WO TSUKURU IKIMONO TO GIJUTSU
by FUJIKO F FUJIO

※ **本書為 2021 年日本小學館出版的《未来をつくる生き物と技術》台灣中文版，在台灣經重新審閱、編輯後發行，因此少部分內容與日文版不同，特此聲明。**